2016唐山世界园艺博览会国际花卉竞赛集锦

2016唐山世园会执委办园林园艺部
唐山市园林绿化管理局　编

U0323913

主编

张铁民　邱艳君　李　鹏

副主编

曾晓华　兰天瑶　闫　颖
王　禄　袁　栋　高贺武

编委

高会荣　张红玲　徐秀源
祝佳媛　梁安金　刘颖华
王艳利　张玉宝

目 录

CONTENTS

序

第一部分　总论 / 1

世界园艺博览会简介 / 2

2016唐山世界园艺博览会概况 / 3

2016唐山世界园艺博览会国际花卉竞赛概况 / 7

第二部分　各论 / 17

第一章　国际花卉竞赛概况 / 18

第二章　中国牡丹芍药竞赛 / 19

第三章　国际精品月季竞赛 / 41

第四章　国际花境景观竞赛 / 62

第五章　第四届"中国杯"插花花艺大赛 / 95

第六章　国际插花花艺竞赛 / 130

第七章　国际精品兰花竞赛 / 158

第八章　国际精品菊花竞赛 / 185

第九章　盆景交流活动暨盆景竞赛 / 215

后记 / 224

Tangshan World Horticultural
Exposition 2016
the Highlight of International Flower
Artistic Competition

2016唐山世界园艺博览会
国际花卉竞赛集锦

2016唐山世园会执委办园林园艺部　编
唐山市园林绿化管理局

中国林业出版社

图书在版编目(CIP)数据

2016唐山世界园艺博览会国际花卉竞赛集锦 / 2016唐山
世园会执委办园林园艺部, 唐山市园林绿化管理局编.
—北京：中国林业出版社，2018.5

ISBN 978-7-5038-9689-7

Ⅰ.①2… Ⅱ.①2…②唐… Ⅲ.①花卉—图集
Ⅳ.①S68-64

中国版本图书馆 CIP 数据核字（2018）第 175131 号

2016唐山世界园艺博览会
国际花卉竞赛集锦

2016 Tangshan Shijie Yuanyi Bolanhui
Guoji Huahui Jingsai Jijin

出版　中国林业出版社（100009　北京市西城区德内大街刘海胡同 7 号）
　　　　网址：http://lycb.forestry.gov.cn　电话：010—83143629
发行　中国林业出版社
印刷　固安县京平诚乾印刷有限公司
版次　2018 年 10 月第 1 版
印次　2018 年 10 月第 1 次印刷
开本　889mm×1194mm　1/16
印张　14.5
字数　370 千字
定价　168.00 元

序

FOREWORD

2016唐山世界园艺博览会（简称2016唐山世园会）是由国际园艺花卉行业组织——国际园艺生产者协会（AIPH）批准举办的国际性园艺展会。2016唐山世园会是为了提高唐山人民幸福指数、展示中国园艺事业发展成就、追求世界园艺技术的精进而举办的博览会，是世界各地园林园艺精品、奇花异草的大联展，展期自2016年4月29日开始至10月16日结束，自晚春起，经盛夏至中秋，共计171天。

2010年10月6日，在韩国顺天市举行的国际园艺生产者协会第62届年会上，河北省唐山市获得了2016年世界园艺博览会的承办权。至此，唐山成为中国第一个承办世界园艺博览会的地市级城市，是世界园艺博览会首次利用采煤沉降地、在不占用一分耕地的情况下举办的世界园艺博览会。主题是"都市与自然·凤凰涅槃"，突出了时尚园艺、绿色环保、低碳生活、都市与自然和谐共生的办会理念。办会原则是节俭、洁净、杰出，最终实现"精彩难忘，永不落幕"的目标。

2016唐山世园会在唐山南湖举办，恰逢唐山抗震40周年，向世界充分展示了唐山震后重建和生态治理恢复成果，表明唐山人民保护环境、修复生态、实现资源型城市转型和可持续发展的决心。

国际花卉竞赛是2016唐山世园会各项活动的重要组成部分，由中国牡丹芍药竞赛、国际精品月季竞赛、国际花境景观竞赛、国际插花花艺竞赛、第四届"中国杯"插花花艺大赛、国际精品兰花竞赛、国际精品菊花竞赛及盆景交流活动暨盆景竞赛构成。本次国际花卉竞赛为历届世园会组织最严密、规模最大、参展范围最广、内容最多、品种最丰富的花卉竞赛项目，活动期间新内容、新看点、新体验、新惊喜不断涌现，确保了2016唐山世园会精彩不断、亮点纷呈。

本书编委会为2016唐山世界园艺博览会执行委员会园林园艺部工作人员，并参与了2016唐山世园会期间国际花卉竞赛组织协调、前期筹备、资金申请、方案审核、布展实施、评审颁奖、安保维护、入园制证、接待后勤等各项工作。编委会通过总结各个竞赛活动内容，收集影像资料，与中国花卉协会、中国风景园林学会、中国插花花艺协会等单位合作，为本书编写奠定了坚实基础。

《2016唐山世界园艺博览会国际花卉竞赛集锦》一书共收录了2016唐山世园会期间举办的各项花卉竞赛中具有代表性的相关资料102份。全书包括各项竞赛的组织方案、设计方案、参展作品以及相关活动等内容，既有文字叙述，又有图片展示。

2016唐山世园会国际花卉竞赛凝集了参与者无数的心血和汗水，为国际花卉竞赛提供了有益的经验，编者将国际花卉竞赛进行总结，编汇成册，作为借鉴。并以此书，代表编委会对参与国际花卉竞赛的组织、参展、运营者表达诚挚的感谢。

由于编者水平有限，时间紧促，不妥之处，敬请谅解。

编委会

2017年6月

The General Situation
of International Flower Competition

第一部分

总　论

世界园艺博览会简介

世界园艺博览会（World Horticultural Exhibitions）是由国际园艺花卉行业组织——国际园艺生产者协会（AIPH）批准举办的国际性园艺展会。由于"世园会"能给举办地带来巨大的国际影响和综合效益，吸引了世界上许多城市积极申办。自1960年在荷兰鹿特丹举办首次国际园艺博览会以来，先后在欧美、日本等发达国家共举办了30余次。中国分别举办过"1999年昆明世界园艺博览会"（A1类）、"2006中国沈阳世界园艺博览会"（A2+B1类）、"2010年台北国际花卉博览会"（台湾与大陆对博览会的翻译不同）、"2011西安世界园艺博览会"（A2+B1类）、"2013中国锦州世界园林博览会"（IFLA和AIPH首次合作）、"2014青岛世界园艺博览会"（A2+B1类）以及"2016唐山世界园艺博览会"，并将举办"2019北京世界园艺博览会"（A1类）。

世界园艺博览会是由参展国政府出资，在东道国无偿提供的场地上建造自己独立的展览馆，展示本国的产品或技术；专业性世界博览会是参展国在东道国为其准备的场地中，自己负责室内外装饰及展品设置，展出某类专业性产品。

专业性博览会分为A1、A2、B1、B2四个级别。其中A1类是级别最高的专业性世界博览会。世界园艺博览会的类别如下。

A1类

大型国际园艺展览会。这类展览会每年举办不超过1个。A1类展览会时间最短3个月，最长6个月。在展览会开幕日期前6~12年提出申请，至少有10个不同国家的参展者参加。此类展览会必须包含园艺业的所有领域。

A2类

国际园艺展览会。这类展览会每年最多举办两个，当两个展会在同一个洲内举办时，它们的开幕日期至少要相隔3个月，展期最少8天，最多20天。至少有6个不同的国家参展。

B1类

长期国际性园艺展览会。这类展会每年度只能举办一届。展期最少3个月，最多6个月。

B2类

国内专业展示会。

主门区之一号门

2016唐山世界园艺博览会概况

一、2016唐山世园会申办历程

2008年12月，唐山市人民政府正式向中国花卉协会递交了关于举办2016年世界园艺博览会（A2+B1类）的请示，2016年恰逢唐山抗震40周年，举办世界园艺博览会意义深远。但请示却并没有立即获得中花协的首肯，他们认为，以往在中国成功举办世园会的城市均是一些知名度较高、生态较好的省会城市或副省级城市，相比之下，唐山作为一座震后重建的重工业城市，花卉产业在全国的知名度不高，怕难以承办规模如此大的世界园艺博览会。

2009年8月5日，中国花卉协会江泽慧会长来唐视察；同年11月11日，国际园艺生产者协会（AIPH）主席法博先生来唐指导申办工作，唐山推进生态城市建设的成果和精细的申办工作深深打动了他们，法博先生在地震纪念墙前表态：一定要让唐山申办成功，否则对不起地震遇难的24万亡灵；2009年法博先生率考察组再次莅临唐山考察，对申办准备工作给予了高度评价，认为唐山有条件、有能力承办2016年世园会。

2010年10月6日9时，在韩国顺天市举行的国际园艺生产者协会第62届年会上，河北省唐山市获得了2016年世界园艺博览会的承办权。唐山成为我国第一个承办世界园艺博览会的地市级城市，是世界园艺博览会首次利用采煤沉降地、在不占用一分耕地的情况下举办的世界园艺博览会。

第62届AIPH年会唐山代表团与法博主席申办成功后合影

二、2016唐山世园会介绍

南湖十六景之丹凤朝阳

级别： A2+B1

时间： 2016年4月29日至10月16日

地点： 唐山南湖公园

主题： 都市与自然 · 凤凰涅槃

理念： 时尚园艺、绿色环保、低碳生活、都市与自然和谐共生

原则： 节俭、洁净、杰出

目标： 精彩难忘，永不落幕

2016年唐山世界园艺博览会由外交部、商务部、国家林业局、中国贸促会、中国花卉协会、河北省人民政府主办，唐山市人民政府承办。恰逢唐山抗震40周年，在唐山南湖举办，向世界展示唐山抗震重建和生态治理恢复成果，表明唐山人民保护环境、修复生态、实现资源型城市转型和可持续发展的决心。

2016唐山世园会于2016年4月29日至10月16日举行，会期171天，主题是"都市与自然·凤凰涅槃"。这是继1999年昆明世园会、2006年沈阳世园会、2011年西安世园会、2014年青岛世园会之后，在中国大陆举办的第五次世界园艺博览会。

唐山世园会核心会址设在南湖公园，利用采煤沉降地，不占用一分耕地，这尚属国际园艺生产者协会首次。世园会规划总面积22.6平方公里，其中核心区5.4平方公里，体验区17.2平方公里。核心区总体布局为"一轴八园"。"一轴"为主景观轴，由北向南依次布局综合展示中心、丹凤朝阳广场、水上剧场、驳船码头、花卉长廊、彩虹桥、立体花街、空中飞桥、低碳花园、龙山、热带风情馆11处主要景观节点；"八园"为国内园、国际园、设计师园、低碳生活园、少年世博园、生态科教园、工业创意园和专类植物园。体验区位于唐胥路南侧，结合生态产业、旅游服务需求，规划了"两横三纵"交通骨架，形成湿地体验、农业观光、森林休憩和绿地运动四大功能区。另外，在会址外围配套建设了大剧院、群艺馆、图书馆、档案馆等，按照"会期参展、会后经营"的理念规划建设，从根本上解决场馆、展馆、展园后续利用问题。

主门区之二号门

主展馆之热带风情馆

南湖十六景之皇城禅道

三、2016唐山世园会会徽与吉祥物

2016唐山世园会会徽由国家一级美术师、著名画家韩美林先生创作完成，名称为"有凤来仪"。

唐山被世人称为"凤凰城"，会徽以一只昂首挺立的"彩凤"为主体形象，表达了"时逢盛世，有凤来仪"的美好寓意。"彩凤"整体造型分为凤头、凤身、凤尾、凤羽。凤头与凤身巧妙地归纳变形为字母T、S，是"唐山"的起首字母，将"涅槃彩凤"与"唐山"的概念紧密相连。"彩凤"整体色彩为藏蓝色和绛紫色的渐变结合，藏蓝代表稳重、担当，绛紫代表坚韧、顽强，表现了唐山这座传统重工业城市推进改革创新、转型升级的果敢和坚毅，突出了绿色环保、低碳生活的可持续发展理念，强调时尚与园林的巧妙结合，促进都市与自然的和谐共生。彩凤环绕在七彩花蕾之中，凤羽丰盈，表示"凤鸣唐山、花开满园"，传达出园艺事业锦簇缤纷的景象，蕴含着唐山世园会"精彩难忘、永不落幕"的美好愿景。

2016唐山世园会吉祥物同样由韩美林大师创作完成，名称为"凤凰花仙子"。

吉祥物设计与会徽一脉相承，在整体色彩上延续了会徽的设计模式，给人强烈的视觉冲击力。"凤凰花仙子"整体角色采用人物造型，头戴七彩花冠和凤翅，身穿有会徽图案的霞衣，身后飘着七彩的凤尾，张开双臂，奔跑而来，可爱、灵动呼之欲出，准确诠释了2016唐山世园会"都市与自然·凤凰涅槃"的主题，代表着唐山人民坚强的性格和旺盛的生命力。

2016唐山世园会会标

2016唐山世园会吉祥物

主展馆之综合展示中心

四、2016唐山世园会主要活动

　　2016唐山世界园艺博览会正值地震灾后重建40周年之际，会期期间每个月都有大活动、新亮点，每个月都让全球目光聚焦唐山，确保2016唐山世园会期间精彩不断、亮点纷呈。4～10月依次举办5.18国际经贸洽谈会、中国－中东欧国家地方领导人会议、唐山抗震40周年纪念活动、中国金鸡百花电影节、中国—拉美企业家高峰会等政治、文化、经济活动；牡丹展、月季展、花境展、插花展、兰花展、菊花展、盆景展、温室植物展、多肉植物展、荷花展、专类植物展等大型专业花卉展览、竞赛活动。

五、2016唐山世园会举办意义

　　纵观世界园艺博览会的发展历史，在一个国家地级市召开实属凤毛麟角，而在一片"废墟"上举办更是绝无仅有。成功地举办此次世园会，为唐山市带来了巨大的发展机遇，极大地带动交通、商业、旅游业等第三产业的发展。

　　此外，世园会需要高水平的融资、商业、旅游、管理以及法律等专业服务，更是带动了整个城市功能的全

南湖十六景之湖光幕影

南湖十六景之龙阁望月

方位飞跃。总而言之，2016唐山世园会已成为21世纪促进唐山乃至周边地区经济发展、城市建设的强劲催化剂，对于提高唐山市园艺发展水平和促进城市发展产生深远影响。

　　唐山世园会的成功举办，是推进国内外花卉园艺交流合作，提升中国在世界园艺领域的地位和作用的优秀平台；是创造"天蓝、地绿、水清"的良好生态环境，推进京津冀协同发展的重大举措；是推进生态文明、建设美丽中国的生动实践。

2016唐山世界园艺博览会国际花卉竞赛概况

一、2016唐山世园会花卉/植物展览活动

　　按照世界园艺生产者协会和中国花卉协会要求，为了展示世界花卉事业发展成就，促进花卉产业水平提升，弘扬花卉自有文化，保护精品花卉种质资源。于2016唐山世界园艺博览会期间举办中国牡丹芍药竞赛（室内）、国际精品月季竞赛（室内）、国际花境景观竞赛（室外）、第四届"中国杯"插花花艺大赛（室内）、国际插花花艺竞赛（室内）、国际精品兰花竞赛（室内）、国际精品菊花竞赛（室内、室外）国际花卉竞赛活动以及盆景交流活动暨盆景竞赛、温室植物展、多肉植物展、荷花展、专类植物展6项展示项目，共计13项展、赛活动。

　　2016唐山世园会竞赛充分利用南湖公园景观为基础，通过时间上的不间断性，空间上串联综合展示中心＋热带植物馆构成的室内场馆，计划展出月季、牡丹、兰花、菊花等中国十大名花数百个品种以及棕榈植物、蕨类植物、凤梨科植物、多肉植物、珍稀奇异植物、水生植物共计1000余种；丹凤朝阳广场＋龙山＋大、小南湖构成的室外场地，结合景观空间的布局，设置了玉兰园、松柏园、牡丹园等21个观赏园区以及搭配花坛、花境形式种植的草本花卉，设计栽培露地植物3000余种，共计数百万株，占地面积将近30万平方米。构成了具有鲜明地方特色和名贵花木相结合的展示形式，传承地方文脉、体现工业文明与自然充分结合的室内、露地、水面的特色景观园区，彰显了2016唐山世园会展览竞赛项目的磅礴气势和精彩程度。

南湖十六景之凤簧凝香

南湖十六景之异国风韵

二、2016唐山世园会国际花卉竞赛

国际花卉竞赛是世园会各项活动的重要组成部分，由中国牡丹芍药竞赛、国际精品月季竞赛、国际花境景观竞赛、国际插花花艺竞赛、第四届"中国杯"插花花艺大赛、国际精品兰花竞赛、国际精品菊花竞赛"6+1"项花卉竞赛及盆景交流活动和盆景竞赛活动构成，由于花卉竞赛的举办，使得世园会举办期间新内容、新看点、新体验、新惊喜不断涌现，确保了世园会期间精彩不断、亮点纷呈。

各项竞赛活动与往届世园会办展模式不同，省去第三方运营商整体承包的中间环节，通过中国花卉协会、中国风景园林学会、中国插花花艺协会等花卉机构协助办展，充分利用其专业平台优势、丰富办会经验以及充足人力资源，紧紧围绕着2016唐山世园会"节俭、洁净、杰出"的办会原则，用最少的投资达到最优的景观效果，"因地制宜、另辟蹊径、独具特色"地办成一届精彩难忘、永不落幕的国际园艺盛会。

国际花卉竞赛展出时间贯穿世园会开幕至闭幕，做到"月月有展、时时有景"，室内展出面积18000平方米，室外展出面积20000平方米；由中国大陆各地区、中国香港、中国澳门、中国台湾以及美国、英国、法国、荷兰、澳大利亚、德国、日本、韩国、新加坡、加拿大等20余个国家或地区为代表的企业、高校、科研院所、公园、植物园以及个人爱好者，共计525个参展单位参与。整个世园会期间，参观游客达300余万人次。为历届世园会参与范围最广、参观人数最多、展示时间最长、展览面积最大的国际花卉竞赛项目，使参观者在享受植物之美的同时，更加陶冶了情操，增强了对花卉艺术的追求，对植物的感性认知，对生态文明建设必然性的深刻体会。

国内园范围花境竞赛

南湖十六景之江南最忆

南湖十六景之鱼跃柳堤

三、2016唐山世园会国际花卉竞赛整体安排

序号	竞赛名称	竞赛主题	竞赛时间	展期	与上一竞赛时间间隔	竞赛地点	组织方式	竞赛内容
1	中国牡丹芍药竞赛（室内展）	国色天香，华美世园	4月29日至5月15日	17天		综合展示中心B区一层（3000平方米）	中国花卉协会牡丹芍药分会协助世园会执委办统筹竞赛事宜	1. 精品盆栽牡丹竞赛 2. 十样锦及特色牡丹竞赛 3. 牡丹芍药插花艺术竞赛 4. 牡丹景观竞赛 5. 新品种竞赛 6. 芍药切花竞赛 7. 牡丹文化及加工产品展示及专业研讨会等
2	国际精品月季竞赛（室内展）	流芳溢彩，醉美世园	5月31日至6月20日	21天	15天	综合展示中心B区一层（3000平方米）	中国花卉协会月季分会协助世园会执委办统筹竞赛事宜	1. 花艺展示 2. 切花月季组景展示 3. 盆花月季组景展示 4. 文化宣传 5. 专业研讨会等
3	国际花境景观竞赛（室外展）	百花齐放，缤纷世园	6月10日至8月10日	62天（实际展出171天）		龙山北侧道路两侧，国内园湖心岛（10000平方米）	中国风景园林学会园林生态保护专业委员会协助世园会执委办统筹竞赛事宜	1. 路缘花境 2. 坡地路径 3. 林下花境 4. 岩石花境 5. 滨水花境 6. 专业论坛等
4	第四届中国杯插花花艺大赛（室内展）	凤凰涅槃	7月5日至7月10日	6天	15天	综合展示中心B区一层（3000平方米）	中国花卉协会与唐山市人民政府共同主办	1. 比赛 2. 展示 3. 相关活动等
5	国际插花花艺竞赛（室内展）	花舞凤城，梦牵世园	7月26日至8月2日	7天	5天	综合展示中心B区一层（3000平方米）	中国插花花艺协会协助世园会执委办统筹竞赛事宜	1. 山水空间大型插花展示 2. 中国传统插花展"品国韵" 3. 国内外花艺展"赏名萃" 4. 生活插花竞赛"居雅轩" 5. 婚庆插花竞赛"贺佳缘"等
6	国际精品兰花竞赛（室内展）	兰品荟萃，香沁世园	8月31日至9月15日	16天	39天	综合展示中心B区一层（3000平方米）	中国花卉协会兰花分会协助世园会执委办统筹竞赛事宜	1. 单株竞赛 2. 景观布置竞赛 3. 科普宣传展示等
7	国际精品菊花竞赛（室内及室外展）	秋香菊韵，淳美世园	9月25日至10月16日	22天	9天	室内：综合展示中心B区一层（3000平方米）室外：主广场南侧雕塑园（10000平方米）	中国风景园林学会菊花分会协助世园会执委办统筹竞赛事宜	1. 栽培技术竞赛 2. 新品种培育竞赛 3. 景观布置竞赛 4. 盆景造景 5. 文化科普等
8	盆景交流暨盆景竞赛（室内展）	造化天然，艺术世园	4月29日至10月16日	171天		国内园盆景专项园（556平方米）	世园会执委办、唐山市城管局主办，唐山园林局、风景园林协会承办	1. 树桩盆景 2. 山水盆景 3. 小微盆景

四、2016唐山世园会国际花卉竞赛组织方案及评比办法

国际花卉竞赛是由2016唐山世园会组委会（由中国花卉协会，河北省、唐山市相关领导组成）、行业专家、设计人员、施工人员、养护人员集体参与，综合考虑了唐山地区的气候特点、各种花卉的生理习性、花卉的最佳观赏期、资金、运营、安全保卫等各种信息后，最终确定了竞赛品种、竞赛主题、展出时间、展期，从而保证了各档竞赛都能达到预期的最佳效果，满足观众的欣赏需求。

2016唐山世园会执委办是组委会下属执行机构办公室，下设园林园艺部具体负责国际花卉竞赛的相关事宜。花卉竞赛共分为两大部分内容：花卉竞赛和后勤保障。花卉竞赛工作包括：竞赛方案的审定、跑办各种审批手续、各档竞赛的招标、签订合同、植物材料检验检疫、奖杯和证书的设计、资金的运作、宣传、布展、运营、验收、评奖和颁奖、撤展。后勤保障工作包括：参展人员的住宿、餐饮、交通、制证、车辆和人员应急入园协调。

在中国花卉协会领导下成立2016唐山世园会国际竞赛组委会，由中国花卉协会牡丹芍药、月季、兰花分会，中国风景园林学会园林生态保护专业委员会、菊花分会，中国插花花艺协会统筹"6+1"项竞赛具体事宜，组织国内外专业花卉企业、科研院所、高校、植物园（公园）参展，并完成赛区规划、养护、评比、颁奖及相关活动等工作。由中国花卉协会聘任的评委组成评比委员会，对照各项《竞赛项目的评选及评分标准》，进行公正、公平、公开的评比。由中花卉、省花协、世园会执委办三个机构成员组成的国际竞赛监督委员会，对个竞赛评比过程进行监督指导。

竞赛邀请函

五、2016唐山世园会奖杯及证书

正面

背面

室外展园奖杯

· 室外展园奖杯

名　　称："文化与生命"

设计说明：

1. 文化："爻"——组成八卦中每一卦的长短横道，指天地万物变动，是阴阳交织的整体作用，用结构的设计手法，将"爻"作为主体，寓意世间万物的轮回，自然和谐。

2. 生命：染色体——是基因的载体，是生命的延续，是生命生生不息的根本。此奖杯灵感亦来源于染色体的形态，以反映唐山震后生机勃勃的景象。

3. 奖杯的材质为水晶。

4. 奖杯总高依次为40厘米、36厘米、33厘米、29厘米。

国际花卉竞赛奖杯

· 国际花卉竞赛奖杯

名　　称："蓬勃"

设计说明：

1. 整体造型采用代表圆满的圆形和用花卉构成的上弦月来表达圆满、向上、蓬勃发展的意义。

2. 把水晶和陶瓷相融合，在体现世园会园艺赛事精彩呈现的盛况的同时结合地域文化，展现文化与自然的相融相通，体现唐山特色工业文化。

3. 奖杯中部镶嵌世园会LOGO，说明唐山2016世园会参展的花艺竞赛内容。

4. 将奖杯尺度定位29厘米，以示2016唐山世园会4月29日盛装开幕。

· 国际花卉竞赛获奖证书

　　评审专家聘书及获奖证书设计本着世园会"节俭、洁净、节约"的办会理念，证书材质采用坚固耐磨纸张，且不做任何装裱；内容简洁、大方，文字均为中英文对照，篇头醒目位置设置AIPH以及2016唐山世界园艺博览会会标。以2016唐山世园会组委会为颁发单位。

获奖证书及封皮

六、2016唐山世园会国际花卉竞赛场地条件及展出面积

综合展示中心

· 综合展示中心

　　2016唐山世园会综合展示中心作为世园会国际花卉竞赛室内主场馆，承办牡丹、月季、中国杯、插花、兰花、菊花（室内）6项竞赛，位于市民广场正北侧，占地面积76亩*，建筑面积5.86万平方米，其中，用于国际花卉竞赛区域面积3200平方米；绿化面积2万余平方米，地上四层，高23.4米，包括展示大厅、城市规划展示馆和南、北连接平台及附属办公用房。综合展示中心具有雨水收集作用，通过外部透水混凝土，将雨水渗入收集管道，可满足日常养护所需，充分体现节能环保的技术优势。综合展示中心将成为集综合展示、机构办公、花艺展览、旅游服务等功能于一体的综合服务中心。

*1亩≈667平方米。

· 盆景专项园

2016唐山世园会盆景专项园位于国内园东部，皇家园与江南园之间，穿插布置于各主题展园之间。展园总用地面积3644平方米，建筑总面积711.12平方米。展馆主体为钢架结构的现代化建筑，四周设置通透的玻璃幕墙，采光、通风性佳，以盆景艺术为主题，展品面向全市征集，使世园会与市民高度互动，全民世园。

盆景专项园

· 龙山北路及国内园范围

龙山北路及国内园范围，作为本次世园会国际花境景观竞赛场地，位于园区中部，西起丹凤朝阳广场，沿起龙山北侧道路向东直至国内园，总体呈带状分布，赛区整体面积10050平方米。

此区域地理位置优越，位于主广场通往国内展区的主要游览路线两侧，为游客必经之地，场地相对独立；展区集中分布于一条道路两侧，景观连续型较好；无展园交叉，利于场地分割以及日后的施工和养护管理工作；具有较多样的周边环境，利于不同形式花境的展现；大部分地块现状有背景林，景观条件较好；地栽花卉会后保留，形成永久景观。

· 国际雕塑园

2016唐山世园会国际雕塑园位于丹凤朝阳广场和设计师园之间总面积约为4.2万平方米。此园设计理念是结和国际雕塑家的雕塑空间布局为理念以流线形式进行串联再结合景观和雕塑来展示，共有雕塑28座；主要分为三个分区来提升，第一工业雕塑区利用雕塑展示唐山作为工业城市的发展到崛起；第二展示了生命和孕育；第三展示唐山的文化艺术。

本区域作为国际精品菊花竞赛室外展区，利用现有雕塑和景观以菊花花艺为主线贯穿整体，以特色花坛、花海、花雕来展示主题。该区域可用展览面积近10000平方米，根据现有场地合理布局和把控，为不同类型的展品提供最优展示方案。

七、国际花卉竞赛举办意义

世界园艺博览会是一个在现代世界宣传园艺力量的重要途径，促进观赏性植物产业发展与国际交流的惊人载体。那么国际花卉竞赛就是世园会一个决定性的部分，在观赏性园艺质量方面和创新问题上，国际花卉竞赛给予合适的奖赏，表彰在园艺行业内那些具有优异质量或富有创新园艺产品的科研者、生产者、传播者，促进行业发展。

为把唐山世界园艺博览会办成一届"精彩难忘，永不落幕"的国际盛会，以唐山世界园艺博览会为平台，展示了中国十大名花中的牡丹、月季、兰花、菊花；展示了打破传统植物造景应用形式的花境景观；展示了现代花艺传播载体的插花艺术。通过这些展览、竞赛的手段，不仅使花卉以最美好形态展出于众，更将花卉本身的文化与内涵传播于众，这是一个园林园艺工作者喜闻乐见的场景。

花卉竞赛集中展出当前全球花卉、园艺领域的最新品质、最新技术、最新成果，能够传播花卉园艺发展的新理念、新潮流，加快花卉产业转型升级，推动我国现代化花卉产业持续快速发展。以花为媒，互磋技艺，提升花艺水平，为园艺博览会增添了亮点，推动了唐山市园林事业及旅游业的健康发展，对丰富唐山市群众精神文化生活、促进唐山市经济发展有重大意义。

丹凤朝阳广场国际雕塑园

花卉是美丽的象征，通过花卉竞赛，使花卉不仅成为城市绿化美化的重要组成部分，而且进入了家庭与生活，人们养花、赏花，兴起了花文化，装扮了美丽的家园，促进了生态文明建设；花卉是经济繁荣的象征，通过花卉竞赛，使社会对花卉需求不断扩大，花卉也成为一项前景十分广阔的新型产业，不仅带动了人民增收，增加了社会就业，而且推动了技术进步，促进了经济发展。花卉更是友谊的象征，通过花卉竞赛，不仅使世界性和区域性的博览会蓬勃兴起，更重要的使各地之间成功交流了生产技术、传递了友谊、加深了国际合作。

Respectively the Discourse of
International Flower Competition

第二部分

各 论

第一章

国际花卉竞赛概况

　　本部分内容是2016唐山世界园艺博览会各项国际花卉的竞赛详细介绍。由中国花卉协会牡丹芍药分会承办的中国牡丹芍药竞赛、中国花卉协会月季分会承办的国际精品月季竞赛、中国花卉协会零售业分会承办的第四届"中国杯"插花花艺大赛、中国插花花艺协会承办的国际插花花艺竞赛、中国花卉协会兰花分会承办的国际精品兰花竞赛、中国风景园林学会园林生态保护专业委员会承办的国际花境景观竞赛、中国风景园林学会菊花分会承办的国际精品菊花竞赛、唐山市园林局承办的盆景交流活动暨盆景竞赛组成。

　　本部分内容是对各竞赛主题花卉及内涵文化、竞赛整体组织实施方案、竞赛内容、布展方案、参展单位、展出作品、评审颁奖、竞赛相关活动等一系列方面的介绍与记录，通过文字叙述、数据统计以及多达800余张的精美照片，全面展示2016唐山世界园艺博览会国际花卉竞赛精彩纷呈的视觉效果。

牡丹

牡丹（学名：*Paeonia suffruticosa*）是毛莨科、芍药属植物。花色泽艳丽，玉笑珠香，风流潇洒，富丽堂皇，素有"花中之王"的美誉。在栽培类型中，按照花的颜色，可分成上百个品种，以黄、绿、肉红、深红、银红为上品，尤其黄、绿为贵。现代植物分类学中，根据花瓣层次的多少以及花型和花朵构成的演化规律，又把牡丹花型分为单瓣型、荷花型、菊花型、蔷薇型、千层台阁型、托桂型、金环型、皇冠型、绣球型、楼子台阁型。牡丹花大而香，故又有"国色天香"之称。在清代末年，牡丹就曾被当做国花。1985年5月牡丹被评为中国十大名花第二名。

牡丹发展史

牡丹是中国特有的木本名贵花卉，有数千年的自然生长和1500多年的人工栽培历史。在中国栽培甚广，并早已引种世界各地。牡丹花被拥戴为"花中之王"，有关文化和绘画作品很丰富。

牡丹作为观赏植物栽培，始于**南北朝**。据唐代韦绚《刘宾客嘉话录》记载："北齐杨子华有画牡丹极分明。子华北齐人，则知牡丹久矣。"**隋代**，牡丹的栽培数量和范围开始逐渐扩大，当时的皇家园林和达官显贵的花园中已开始引种栽培牡丹，并初步形成集中观赏的场面。**唐朝**时，社会稳定，经济繁荣。唐都长安的牡丹在引种洛阳牡丹的基础上，得到了迅速的发展。**北宋**时，洛阳牡丹达到了空前的规模。当时洛阳人不

名优品种'姚黄'

名优品种'百园红霞'

单爱花，种花，更善于培育新品种，牡丹"不接则不佳"，他们用嫁接方法固定芽变及优良品种，这就是北宋时最突出的贡献。**南宋**时，牡丹的栽培中心由北方的洛阳、开封移向南方，引种了北方较好的品种，并与当地的少量品种进行了杂交，然后通过嫁接和播种的方法，从中选出更多更好的适宜南方气候条件的生态型品种。**明清**时，中国牡丹的栽培范围已扩大到全国各地。《松漠纪闻》记述了黑龙江至辽东一带种植牡丹的情况："富室安居逾二百年往

中国洛阳牡丹文化节

往辟园地，植牡丹多至三二百本，有数十丛者，皆燕地所无"。**中华人民共和国**成立后，牡丹种植业得到了恢复和发展，尤其在改革开放以来，各地牡丹的栽培数量不断增加，栽培技术水平逐年提高。洛阳、菏泽等地先后成立了专业的科研机构——牡丹研究所。在前人的栽培管理的基础上，牡丹的栽培技术又得到了新的发展。同时，中国还出版了一批学术价值较高的专著，如刘淑敏等编著的《牡丹》、喻衡著的《牡丹花》等。这些著作在前人研究的基础上，进一步得到了充实和发展，做了一些理论上的新探索。

　　牡丹不仅是中国人民喜爱的花卉，而且也受到世界各国人民的珍爱。日本、法国、英国、美国、意大利、澳大利亚、新加坡、朝鲜、荷兰、德国、加拿大等20多个国家均有牡丹栽培，其中以日本、法国、英国、美国等国的牡丹园艺品种和栽培数量为最多。

　　牡丹是中国固有的特产花卉，有数千年的自然生长和1500多年的人工栽培历史。其花大、形美、色艳、香浓，为历代人们所称颂，具有很高的观赏和药用价值，自秦汉时以药用植物载入《神农本草经》始，散于历代各种古籍者，不乏其文。形成了包括植物学、园艺学、药物学、地理学、文学、艺术、民俗学等多学科在内的牡丹文化学，是中华民族文化和民俗学的重要瑰宝。

　　牡丹是中国洛阳、菏泽、铜陵、宁国、牡丹江的市花。每年4月11日至5月5日为"中国洛阳牡丹文化节"。

牡丹典故

武则天与牡丹

　　在一个隆冬大雪飘舞的日子，武则天在长安游后苑时，曾命百花同时开放，以助她的酒兴。下旨曰：

"明早游上苑，火速报春知，花须连夜发，莫待晓风吹"。百花慑于武后的权势，都违时开放了，唯牡丹仍干枝枯叶，傲然挺立。武后大怒，便把牡丹贬至洛阳。牡丹一到了洛阳，立即昂首怒放，花繁色艳，锦绣成堆。这更气坏了武后，下令用火烧死牡丹，不料，牡丹经火一烧，反而开得更是红若烟云、亭亭玉立，十分壮观。表现了牡丹不畏权势、英勇不屈的性格。

毛泽东与牡丹

毛泽东非常喜爱牡丹，1950年冬的一天，毛泽东在中南海花园散步，走到牡丹跟前停下脚步，跟身边工作人员讲起武则天与牡丹的故事并意味深长地说："年轻人要具有牡丹的品格，不畏强暴，才能担当起重任。"

竞赛方案

中国牡丹芍药竞赛在2016唐山世园会核心区综合展示中心举办，作为开幕式花展标志着2016唐山世园会的精彩绽放，也拉开了国际花卉竞赛的帷幕。相比往届世园会牡丹芍药类竞赛，本次竞赛规模最大、品种最多、参展范围最广、展品类型最丰富，最具震撼力，深受广大游客喜爱。牡丹的文化精髓与时代精神的有机结合，创造出天地人和的牡丹胜景，全面展示了中国牡丹芍药产业取得的瞩目成就。

竞赛主题：国色天香，华美世园

竞赛时间：2016年4月29日至5月15日

竞赛地点：世园会综合展示中心B区一层

参展办法

在2016唐山世园会国际竞赛组委会的领导下，由中国花卉协会牡丹芍药分会协助唐山世园会执委办园林园艺部统筹竞赛事宜，组织全国牡丹芍药产区、种植及加工企业、科研院所、贸易、文化等团体或个人，共计59家参展单位，完成竞赛方案、展品征集、布展、评比、颁奖及撤展等工作。

竞赛内容

◆ 精品盆栽牡丹竞赛　　　◆ 特色牡丹竞赛　　　◆ 牡丹芍药景观竞赛

◆ 新品种竞赛　　　　　　◆ 芍药切花竞赛　　　◆ 特约花艺师插花艺术展

◆ 牡丹芍药加工产品展示　◆ 科普互动　　　　　◆ 牡丹芍药专业论坛

其中：精品盆栽牡丹竞赛、特色牡丹竞赛、特约花艺师插花艺术展、牡丹芍药景观竞赛、新品种竞赛、芍药切花竞赛为本次竞赛的竞赛性项目；牡丹芍药加工产品展示、牡丹芍药品种展、文化科普及专业论坛为参与展示性项目。

竞赛项目要求及评分标准

◆ 精品盆栽牡丹竞赛

竞赛要求：

按不同品种群分组评比（以品质好、流通量大的品种为准）：每组的每个参赛品种以5株为限，每株需着花5朵或5朵以上。品种群分组主要是指：中原品种群组、西北品种群组、国外品种群组。

评分标准：

1. 品种准确，符合参赛细则要求，权重20%。

2. 整体效果好（株丛圆整，花枝均匀，与盆器协调），权重40%。

3. 花色鲜明、花型典型、优美，权重40%。

◆ 切花芍药竞赛

竞赛要求：

必须为适宜切花的品种，每一品种的切花芍药为5枝，枝长≥50cm；芍药切花每枝需带复叶2片。

评分标准：

1. 品种准确，符合参赛细则要求，权重10%。

2. 水养期长＞3天，权重30%。

3. 花色明亮、花型典型、优美，权重30%。

4. 特点突出，花瓣厚而坚挺，花枝壮而硬，权重30%。

◆ 牡丹新品种竞赛

竞赛要求：

2005年1月1日后通过国家省市级以及中国花卉协会牡丹芍药分会品种鉴定委员会审定的品种；权威刊物发表的品种。必须提交鉴定证明、照片及说明；展出形式为盆栽形式。

参展单位汇总

序号	参展单位	序号	参展单位
1	洛阳国家牡丹园	31	菏泽开发区蓝天蓝食品有限公司
2	洛阳市中心苗圃	32	菏泽市牡丹区振华牡丹种植专业合作社
3	中国洛阳国家牡丹基因库	33	临夏市河州紫斑牡丹综合产业开发集团有限公司
4	洛阳市林业局	34	临洮紫斑牡丹研究繁育中心

续表

序号	参展单位	序号	参展单位
5	国家花卉工程技术研究中心牡丹研发与推广中心	35	甘肃省林业科学技术推广总站
6	洛阳林华花木有限公司	36	浙江台州万通生态农业开发有限公司
7	洛阳国色天香牡丹开发有限公司	37	扬州芍药园
8	洛阳美万园艺有限公司	38	重庆市垫江县旅游局
9	洛阳卉丰园艺公司	39	山东高密天香园林
10	洛阳特色牡丹园林公司	40	菏泽中原牡丹开发有限公司
11	洛阳市丽都花卉有限公司	41	菏泽市春天苗圃
12	洛阳花魁牡丹园	42	菏泽天草园艺
13	洛阳华丰牡丹芍药有限公司	43	菏泽四季花木公司
14	洛阳名城花木有限公司	44	扬州枣林湾管委会扬州芍药园
15	洛阳花木园艺有限公司	45	重庆市垫江县旅游局
16	洛阳祥云牡丹科技有限	46	北京插花艺术研究会
17	洛阳洋洋花木有限公司	47	甘肃省林业厅种苗推广总站
18	洛阳邙岭花木有限公司	48	北京花语堂花店
19	菏泽市牡丹产业化办公室	49	洛阳甲天下牡丹园艺有限公司
20	菏泽市牡丹研究所	50	甘肃省临洮县兴望牡丹产业有限责任公司
21	菏泽尧舜牡丹生物科技有限公司	51	北京市紫竹院公司
22	山东盛华农业发展有限公司	52	北京农学院
23	山东冠宇牡丹产业发展有限公司	53	中国科学院植物研究所北京植物园
24	菏泽市绮园牡丹产业开发有限公司	54	北京撒艺插花艺术学校
25	菏泽牡丹花木有限公司	55	中国林业科学研究院林业研究所
26	曹州牡丹园管理处	56	北京林业大学
27	曹州百花园	57	洛阳市隋唐城遗址植物园
28	山东好汉实业有限公司	58	五洲花艺设计师联盟
29	菏泽成盛牡丹产业有限公司	59	上海逸场花卉设计有限公司
30	菏泽市高科牡丹应用研究所		

评分标准：

1. 品种准确，符合参赛细则要求，权重10%。

2. 整体效果好（株丛圆整，花枝均匀，与盆器协调），权重30%。

3. 花色鲜明、有特色，花型典型，优美，权重30%。

4. 特点突出（抗逆性强、花期长、特殊香味等），权重30%。

◆ **特约花艺师牡丹芍药插花展（用于展示，不参与评奖）**

竞赛要求：

1. 传统插花：作品规格需与展位大小协调，作品焦点必须为牡丹或芍药；不允许使用仿真植物。

2. 现代插花：作品规格需与展位大小协调，允许使用商品花材，但不允许使用仿真植物。

◆ **特色牡丹竞赛**

竞赛要求：

整体要求以牡丹芍药为核心花材。屏风：四扇，每扇规格为宽0.5米、高2.2米；影壁：规格为宽0.8米、高1.6米；不凋花或压花，要求中小型。

评比标准：

1. 整体效果及艺术性，权重40%。

2. 突出牡丹气质及品种搭配，权重40%。

3. 特色突出，权重20%。

◆ **牡丹芍药景观竞赛**

竞赛要求：

面积30~50平方米，景观布置限定使用20~30株牡丹芍药，景观中所见花朵以芍药科为主；不允许使用仿真植物；景观限高3.5米。

评比标准：

1. 景观主题贴切、鲜明，权重30%。

2. 整体效果好，权重40%。

3. 牡丹芍药植株优美，健康花朵枝叶繁茂，权重30%。

奖项设置

竞赛设置金奖61项、银奖120项、铜奖181项，并根据在竞赛组织、布撤展等的贡献情况，设置最佳组织奖5项，突出贡献个人10名。分别给予组委会颁发的证书及奖金。

评奖时间：初评2016年4月28日、复评2016年5月4日。

颁奖时间：2016年5月5日。

评审办法

成立竞赛监督委员会。由中国花卉协会展览部处长刘雪梅、河北省花卉协会副秘书长梁素林、2016唐山世园会执委会副主任张海组成国际花卉竞赛监督委员会，职责是监督国际竞赛各项赛事的评审工作，确保评审过程中公平、公正、公开，各项相关工作顺利进行。

成立竞赛评审委员会。国际花卉竞赛组织委员会邀请北京林业大学王莲英教授（右三）担任中国牡丹芍药竞赛评审组组长，由中国林业科学研究院研究员王雁（右二），洛阳市隋唐遗址公园教授级高工李清道（左三），甘肃省临洮紫斑牡丹研究繁育中心主任、临洮牡丹芍药协会会长康仲英（右一），山东菏泽牡丹研究所所长赵孝知（左一）组成专项竞赛评审组。

评审委员合影

布展方案

设计单位

北京林业大学园林学院

项目背景

2016年唐山世界园艺博览会——中国牡丹芍药竞赛，布展于唐山世园会综合展示中心B区一楼，展馆可用面积约3300平方米，布展景观占地约1500平方米，游客在馆饱和量约600人。展馆整体规划共分为八个区：精品盆栽区、特色牡丹展示区、牡丹芍药插花艺术区、牡丹芍药景观区、牡丹新品种展示区、芍药切花竞赛区、牡丹产品展览区和科普互动区。

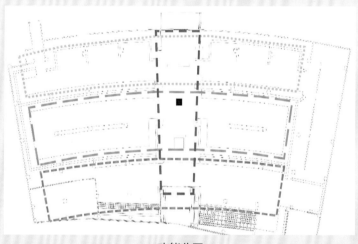

功能分区

设计效果

设计说明

"三横一纵"设计理念。

◆ 一纵之牡丹之道

通过牡丹之道让游客充分体验牡丹文化，感受牡丹内涵和气质。

◆ 三横之江山牡丹

世人盛爱牡丹，牡丹国色似君临天下。以山水为背景，游客一览江山牡丹美景。

◆ 三横之人间牡丹

借鉴古典建筑的天际线之美，以此表达人间百花之王雍容华贵的独特气质。与景观区的亭台楼阁遥相呼应，构成国色天香的牡丹大观园。

◆ 三横之天宫牡丹

牡丹花雍容华贵、超逸群卉，美丽如同天宫之物。提取中国文化中飞天祥云，结合牡丹共同构造出天宫牡丹盛景。

牡丹之道

牡丹，盛于唐，太平盛世喜牡丹，有诗曰："庭前芍药妖无格，池上芙蕖净少情。唯有牡丹真国色，花开时节动京城"。牡丹，是花也，秀开锦地，天香独步，国色无双，居万花之首，尊王者之号，驰四海之名。天香满乾坤，国色甲天下；昔日帝王苑，今入百姓家；药茶食兼美，籽油冠群芳；与君共游赏，平安幸福长。

"一纵"始于牡丹人家，止于盛世牡丹。游客由入口进馆，依次经过①牡丹人家——②牡丹花魁——③牡丹画展——④富贵之源——⑤盛世牡丹，感受中国1500年之久远的牡丹文化。

设计效果

展示效果

江山牡丹

天下富有牡丹，牡丹贵为天下。牡丹自古作为皇室种养庭院的观赏植物，相对于其他花卉来说，是以"会当凌绝顶，一览众山小"独傲姿态示人。帝国牡丹驰名天下被称作"花"魁；有"千叶独难遇，亦犹千人为英，万人为杰，尤世纪不恒有者"之叹！中国牡丹产业蓬勃发展，堪称世界之最。牡丹有江山之魂一说，无可厚非。

三纵之江山牡丹，规划包含①现代花艺区、②特色牡丹竞赛区、③摄影作品区、④特约花艺师插花区、⑤芍药切花竞赛区5个部分。

◆ 现代花艺区

在入口处通过现代花艺方式展示牡丹芍药，让游客进入牡丹展馆之时充分感受牡丹的美丽。

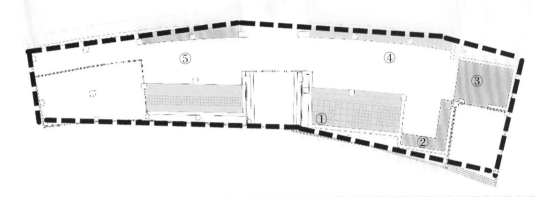

功能分区

作品名称：古韵流香

作品以中国传统乐器古筝、琵琶、二胡为创作元素，以大写意的手法结合时尚材料来实现古今时空的对接。古老的乐器弹奏新兴的乐章，滚动的音符突显着牡丹的王者之歌。

展示效果

作品名称：墨韵悠长

"书山有路勤为径，学海无涯苦作舟"成为文人锻炼自身，提高素养的阶梯，作品以牡丹芍药为主花材，展现攀登书山，渡过学海，勤学苦练的决心。用文字、墨迹为背景，展现了中国文人书法艺术的精华。

展示效果

◆ **特色牡丹竞赛区**

该区域主要展示特色牡丹。在每盆牡丹花上面著有关于该地区牡丹的古诗词。诸如：唐长安——牡丹"雅称花中为首冠，年年长占断春光"。

展示效果

◆ 特约花艺师插花艺术区

该区邀请国内知名花艺大师，展示中国传统插花花艺之美。

展示效果

◆ **牡丹摄影区**

该区域主要展示牡丹的摄影作品。

展示效果

◆ **芍药切花竞赛区**

该区域主要展示芍药切花。远岱山岚作为其背景，以展示芍药的超逸群卉、雍容华贵。

展示效果

| '红方少女' | '粉池金鱼' | '高杆亿' | '欧洲红' |
| '珠光' | '珊瑚魅力' | '中国梦' | '雪峰' |

人间牡丹

　　牡丹自我国栽培已有1500年历史，江山牡丹不再是宫阙赏玩之物，"旧时王谢堂前燕，飞入寻常百姓家"，随着花匠细心培育以及文人墨客不加吝惜地渲染，牡丹落入人间，成为了中华大地人人共赏之美物。

　　三纵之人间牡丹，规划为精品盆栽牡丹竞赛区。包括中原品种群、西北品种群、国外品种群，共计千余盆，集中展示各地精心培育的牡丹品种，以诗词为背景，展现人间牡丹百家争鸣、百花齐放的盛世景象。

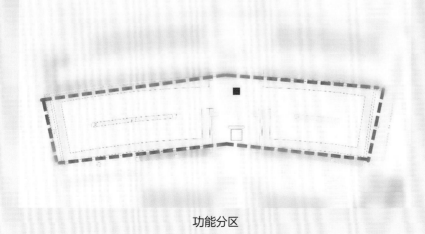

功能分区

展示效果

精品盆栽牡丹

'乔子红'　　　　　'丹顶鹤'　　　　　'胭脂红'　　　　　'岛大臣'

'日丽'　　'红旭'　　'豆绿'　　'太平红'

'鹤莲'　　'绿幕隐玉'　　'百园红霞'　　'层中笑'

'白王狮子'　　'紫红霞'　　'旭港'　　'初日之出'

'香玉'　　'日暮'　　'暮归华屋'　　'绿洲缠丝'

'紫凤朝阳'　　'艳春阁'　　'八千代椿'　　'锦红'

天宫牡丹

艳艳盛开的牡丹，让驻足之人赏目外，常感叹道"此美不应人间有，化为彩蝶伴云飞"。世人胜爱牡丹，又将其推崇到另一高度，"娇含嫩脸春妆薄，红蘸香绡艳色轻。早晚有人天上去，寄他将赠董双成"。

三纵之天宫牡丹，规划为①牡丹景观竞赛区、②新品种竞赛区、③加工产品展示区、④科普互动区 4 个部分。

功能分区

◆ **新品种竞赛区**

将 2006 年后培育的新品种进行展示竞赛，以此鼓励对于牡丹新品种的研发。

◆ **加工品展示区**

该区域主要展示与牡丹相关的各类产品：如牡丹精油、牡丹糕点、牡丹花茶。通过参观不但能了解牡丹目前衍生品的发展，而且让大众从多方面了解，并热爱牡丹。

◆ **科普互动区**

该区域专门设立对牡丹知识的系统介绍，通过介绍增加观众对牡丹的喜爱之情。也是参观天宫牡丹，牡丹的切花、插花、特色牡丹、新品牡丹之后对于牡丹体系的梳理和印象加深。

展示效果

◆ **景观竞赛区**

主要用于展示牡丹芍药景观。参展单位为：北京、垫江、甘肃、菏泽、洛阳、扬州六地。

作品名称： 牡丹台

参展单位： 北京插花艺术研究会

设计说明：

北京圆明园牡丹台是清代康熙六十一年三月二十日，康熙、雍正、乾隆三帝相会的地方，见证了清王朝的繁荣，曾对"康乾盛世"产生巨大影响。在唐山世园会上再筑牡丹台，相信会为维护世界和平和歌颂民族复兴，再续伟大的篇章。

作品名称： 壮美垫江

参展单位： 重庆市垫江县旅游局

设计说明：

壮美垫江，山重水复，层峦叠嶂，美不胜收。那漫山遍野盛开的牡丹花，好像是王冠上的珍珠，一派锦绣，熠熠生辉。垫江，是牡丹的故乡，以山水牡丹的盛名著称于世。

作品名称： 丝绸之路上的天花云影

参展单位： 甘肃省林业科学技术推广总站

设计说明：

远处，中国四大名窟之一的天水麦积山石窟始建于秦，壁画上有古人绘制的牡丹，可见古人对牡丹的喜爱之情，石窟前的绿色牡丹和朱红色牡丹象征着居住于此的回族和藏族同胞，意味着安静与和平。近处，杨柳依依、绿树成荫，甘肃农家院落房前屋后栽种着大片的牡丹，错落有致，竞相开放，人们坐在牡丹庭院中喝茶小憩，一派其乐融融的景象。

作品名称： 牡益天下，丹心报国

参展单位： 菏泽市牡丹产业化办公室

设计说明：

菏泽牡丹走向产业化，观赏牡丹有九大色系十大花型。不凋花是菏泽牡丹的一大特色，本展区将牡丹不凋花汇聚一棵夸张的牡丹树上，在姹紫嫣红盛开的鲜花中，寄托了人们对幸福美好生活的向往。

作品名称： 牡丹花都

参展单位： 国家牡丹园

设计说明：

利用洛阳龙门山色、马寺钟声、天子驾六等历史元素，展现牡丹现代花期调控技术和传统造园艺术，彰显洛阳帝都辉煌历史和牡丹文化的博大精深。揭示出花王牡丹从神话、园林化到生活化的历程，颂扬洛阳人民对世界牡丹发展做出的巨大贡献。

作品名称： 扬州芍药

参展单位： 扬州芍药园

设计说明：

"绿萼披风瘦，红苞涴露肥。只愁春梦断，化作彩云飞。"宋代姚孝锡的一首《芍药》诗，活化了芍药春末开花，为把春光留住，拼命呈现芳华，化作彩云飞舞的奉献精神。扬州芍药，自古闻名于世，芍药这种高尚的奉献精神，正是我们今天实现中国梦需要继承和发扬的。

评审颁奖

◆ 竞赛评审：

牡丹芍药竞赛评审组根据2016唐山世界园艺博览会牡丹芍药竞赛评审要求和设奖规定，对59家参赛单位的931件参赛作品进行了二次评审。评奖结果如下：各类奖项共评出338名，其中大奖1名、金奖48名、银奖111名、铜奖178名。

评审现场及总结会

◆ 颁奖典礼

2016唐山世界园艺博览会中国牡丹芍药竞赛，洛阳国家牡丹园选送的牡丹花魁获得了本次竞赛唯一大奖；重庆市垫江县旅游局获得了芍药切花竞赛金奖；山东冠宇牡丹产业发展有限公司等3家参展单位获得了特色牡丹竞赛金奖；洛阳市中心苗圃等10家参展单位获得了盆栽牡丹竞赛金奖；菏泽市牡丹产业化办公室、重庆市垫江县旅游局获得了牡丹景观竞赛金奖；菏泽市曹州牡丹园管理处、曹州百花园、甘肃省林业科学技术推广总站获得了牡丹新品种竞赛金奖。

颁奖典礼中穿插了文艺表演，更加生动活化了本次牡丹芍药竞赛，也为2016唐山世园会开幕阶段增添了最艳丽、最浓墨重彩的花卉盛会。典礼后，中国花卉协会牡丹芍药分会会长王莲英教授接受唐山电视台采访，

颁奖典礼及文艺演出

对本次中国牡丹芍药竞赛给予了充分肯定，是历年来牡丹芍药竞赛中规模最大、会期最长、内容最丰富、展品数量最多的展会，不仅推动了唐山市、乃至整个华北地区行业发展，也是中华儿女热爱传统文化的充分表达。

中国花卉协会牡丹芍药分会会长王莲英教授接受
唐山电视台采访

相关活动

◆ 专业研讨会

竞赛研讨会以"发展牡丹芍药，建设美丽家园"为主题，围绕本届世园会牡丹芍药竞赛，邀请了中国科学院植物研究所、北京林业大学、西北农林科技大学、菏泽市牡丹产业化基地在内的高等院校、科研机构、产业公司等8位学者，集中汇报了我国牡丹芍药行业发展趋势、种质资源保存、园林应用、栽培育种等方向的尖端研究成果。有国内牡丹学者、种植爱好者、竞赛参展单位代表、唐山市园林行业等200余人参与会议。

专业研讨会开幕式

◆ 科普互动

科普是以宣传为目的的展示活动，通过互动提高游客的参与度与认知度，并充分瞩目牡丹形态之美，饱嗅牡丹文化之瀚。其中科普互动项目分4个环节：摄影书画展、加工品展、影音宣传、插花互动。

摄影作品展：

共展出20件摄影作品。

产品展示：

共展出牡丹籽油、牡丹花茶、牡丹奶粉、牡丹牙膏等日化产品、牡丹面膜、精油、面霜等化妆品5大类产品约500余件以及产品宣传展板6件。

插花互动体验：

花艺师现场插花示范，游客体验插花乐趣。

科普宣传：

制作了"中国牡丹品种分类""牡丹花色""牡丹花型""牡丹花期""牡丹年周期""牡丹与芍药的区别""牡丹

的一生""牡丹的药用"8块展板，并配合牡丹植株、牡丹种子、牡丹与芍药的花朵、牡丹不同的花色、花型品种，进行展示。同时制作了多媒体材料，通过循环播放的形式向游客进行科普宣传；专人负责向观众及嘉宾进行讲解和宣传，取得了良好的效果。

  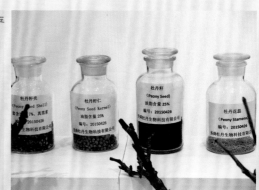

牡丹科普互动展示

竞赛总结

　　2016唐山世园会中国牡丹芍药竞赛，通过室内精品盆栽牡丹竞赛、特色牡丹竞赛、切花芍药竞赛、牡丹新品种竞赛、牡丹景观竞赛以及特约花艺师牡丹芍药插花艺术展、现代花艺展、牡丹摄影作品展、牡丹加工产品展、科普展共10大类内容为载体，是我国历年来牡丹芍药竞赛中规模最大、会期最长、内容最丰富、展品数量最多、集中展示我国近10年来的牡丹芍药产业发展成就的一届牡丹芍药盛会，成为2016唐山世界园艺博览会的最大亮点之一。竞赛期间举办评奖颁奖典礼、中国牡丹芍药产业研讨会等活动，着力将此次牡丹精品展打造成中国最具影响力和文化内涵的牡丹芍药盛会。开展当日即有近2万游客进场参观，展期阶段共接待游客7.8万余人次。

　　精品盆栽牡丹竞赛：

　　参赛牡丹盆花包括中原品种群、西北品种群、国外品种群，共1060盆符合参赛要求，其中初审560盆，复审280盆，5月9日更换100盆，5月12日更换120盆。评审出大奖1项、金奖35项、银奖85项、铜奖150项，共计271项，占比25.57%。

　　特色牡丹竞赛：

　　参展作品包括牡丹屏风、影壁、平面压花、立体不凋花、独干牡丹、紫叶牡丹6类，均以牡丹芍药为核心花材，共49件符合参赛要求。评审出金奖6件、银奖8件、铜奖11件，共25件，占比51.02%。

　　景观竞赛：

　　参展作品6件，景观布置限定使用20~30株牡丹芍药，其中扬州芍药园景观，全部使用芍药盆花及切花，景观中所见花朵以芍药科为主，符合参赛要求。竞赛共计使用牡丹盆花约200~300盆，芍药切花约1500枝。评审出金奖2项、银奖2项、铜奖2项，占比100%。

牡丹新品种竞赛：

参赛品种均提供了新品种证明材料，符合参赛要求。参赛品种18个，分别评审出金奖3项、银奖6项、铜奖9项，占比100%。

切花芍药竞赛：

参赛品种84项，全部符合要求。每项品种参赛5~8枝，共计约600枝；展出切花总计使用切花芍药1800枝。评审出金奖2项、银奖10项、铜奖6项，占比21.43%。

特约花艺师插花艺术及现代花艺展示：

特约插花作品9件，2组大型现代花艺共12件作品，全部符合参展作品要求。由于使用鲜切花及切枝材料，每3天需要更换一次鲜花，每次使用牡丹及芍药切花约400枝，而每枝花、枝条均是唯一的，在构图及表现效果上都有着不可替代性，因此，每次的更换都是一次重新创作。因此，特约插花及现代花艺作品分别更换了4次，共创作了81件作品，使用牡丹芍药切花1600枝。

产品展示：

共展出牡丹籽油、牡丹花茶、牡丹奶粉、牡丹牙膏等日化产品，牡丹面膜、精油、面霜等化妆品5大类产品约500余件以及产品宣传展板6件。

摄影作品展：

共展出20件摄影作品。

科普宣传：

制作了8块展板，并配合牡丹植株、牡丹种子、牡丹与芍药的花朵、牡丹不同的花色、花型品种，进行展示。同时制作了多媒体材料，通过循环播放的形式向游客进行科普宣传。专人负责向观众及嘉宾进行讲解和宣传，取得了良好的效果，尤其是国际园艺生产者协会（AIPH）一行，给予了中国牡丹芍药竞赛高度评价，主席伯纳德·欧斯特罗姆参观完牡丹芍药竞赛后，激动地说："要知道世界多奇妙就来看一看牡丹展"，认为是国际最大规模及最高水平的牡丹芍药竞赛，并将有关科普资料提供AIPH及我国驻土耳其大使馆，分别在其网站上进行宣传。

中国非物质文化遗产中国传统插花继承人侯芳梅女士为AIPH主席伯纳德·欧斯特罗姆及秘书长蒂姆·布莱尔克里夫一行介绍本届世园会牡丹芍药竞赛

侯芳梅女士为唐山市相关领导一行介绍本次牡丹芍药竞赛

月季

月季花（学名：*Rosa chinensis*），被称为花中皇后，又称"月月红"，是常绿、半常绿低矮灌木，四季开花，可作为观赏植物，也可作为药用植物。现代月季花型多样，有单瓣和重瓣，还有高心卷边等优美花型；其色彩艳丽、丰富，多数品种有芳香。月季的品种繁多，世界上已有近万种，中国也有千种以上。中国是月季的原产地之一。月季花容秀美，姿色多样，四时常开，深受人们的喜爱，被评为中国十大名花第五名。

月季分类

绿化新秀——**藤本月季**植株较高大，属四季开花习性，但也只以晚春或初夏二季花的数量最多，攀援生长型，根系发达，抗性极强，枝条萌发迅速，长势强壮，具有很强的抗病害能力。管理粗放、耐修剪、花型丰富、四季开花不断，花色艳丽、奔放、花期持久、香气浓郁、全身开花、花头众多，可形成花球、花柱、花墙、花海、花瀑布、拱门形、走廊形等景观。

大花香水月季品种众多，是现代月季的主体部分。其特征是：植株健壮，单朵或群花，花朵大，花型高雅优美，花色众多鲜艳明快，具有芳香气味，观赏性强。

树状月季又称月季树、玫瑰树，它是通过两次以上嫁接手段达到标准的直立树干、树冠。观赏效果好形状独特、高贵典雅、层次分明，在视觉效果上令人耳目一新；造型多样，有圆球型、扇面型、瀑布型、微型等；既保留了一般月季的花香浓、花期长、花色多样等优点，又表现得更新颖、更高贵、更热烈，因此具有更高的审美价值。

丰花月季呈扩张型长势，花头成聚状，耐寒、耐高温、抗旱、抗涝、抗病，对环境的适应性极强。广泛用于城市环境绿化、布置园林花坛、高速公路等。

微型月季是月季家族的新品种，其株型矮小，呈球状，花头众多，因其品性独特又称为"钻石月季"。主要作盆栽观赏、点缀草坪和布置花色图案。

最新生态植被花卉——**地被月季**，呈匍匐扩张型、高度不超过20厘米，每枝一次开花50~100朵。覆盖面大，单株覆盖面积达1平方米以上。开花群体性强，四季花期不断。管理粗放、抗病能力强，不用施药、不修剪，减少了大量的管理费用。布置色块、路带效果显著，地被月季根深叶茂，枝叶扩张性大，且叶面呼吸性强，对城市粉尘和有害物质吸附率大，是涵养水源、保持水土流失的佳品。

月季发展史

月季原产于中国，有2000多年的栽培历史，相传神农时代就有人把野月季挖回家栽植，汉朝时宫廷花园中已大量栽培，**唐朝**时更为普遍。由于中国长江流域的气候条件适于蔷薇生长，所以中国古代月季栽培大部分集中在长江流域一带。**宋代**宋祁著《益都方物略记》记载："此花即东方所谓四季花者，翠蔓红花，属少霜雪，此花得终岁，十二月辄一开。"那时成都已有栽培月季。**明代**刘侗著《帝京景物略》中也写了"长春花"，当时北京丰台草桥一带也种月季，供宫廷摆设。中国记载栽培月季的文献最早为王象晋（公元1621年）的二如亭《群芳谱》，他在著作中写到"月季一名'长春花'，一名'月月红'。灌生，处处有，人家多栽插之"。由此可见在当时月季早已普遍栽培，成为处处可见的观赏花卉了。这比欧洲人从中国引进月季的记载早了约160年。到了明末清初，月季的栽培品种就大大增加了，**清代**《月季画谱》中记载品种月季有109种。由于从1840年的鸦片战争开始到**中华人民共和国**成立，中国大多时间处于战乱年代，民不聊生，中国的本种月季在解放初期仅存数十个品种在江南一带栽种。

据《花卉鉴赏词典》记载，中国的'朱红''中国粉''香水月季''中国黄色月季'等4个品种，于1789年，经印度传入欧洲。当时正在交战的英、法两国，为保证中国月季能安全地从英国运送到法国，竟达成暂时停战协定，由英国海军护送到法国拿破仑妻子约瑟芬手中。自此，这批名贵的中国月季经园艺家之手和欧洲蔷薇杂交、选种、培育，产生了"杂交茶香"月季新体系。其后，法国青年园艺家弗兰西斯经过上千次的杂交试验，培育出了国际园艺界赞赏的新品种'黄金国家'。此时，正值第二次世界大战爆发，弗兰西斯为保护

中国古老月季优秀品种
依次为'香粉莲''清莲学士''映日荷花''绿萼'

这批新秀，以"3-35-40"代号的邮包，投机寄到美国。又经过美国园艺家培耶之手，培育出了千姿百态的珍品。1945年4月29日，太平洋月季为欢庆德国法西斯被彻底消灭，就从这批月季新秀中选出一个品种定名为"和平"。1973年，美国友人欣斯德尔夫人和女儿一道，带着欣斯德尔先生生前留下的对中国人民的深情，手捧"和平"月季，送给毛泽东主席和周恩来总理。从此，这个当年月季远离家乡的使者，经历了200年的发展变化，环球旅行一周后，又回到了它的故乡——中国。月季被欧洲人与当地的品种广为杂交，精心选育。欧美各国所培育出的现代月季达到1万多个品种，栽培月季的水平远远领先于中国，但都是欧洲蔷薇与中国的月季长期杂交选育而成，因此中国月季被称为世界各种月季之母。

月季的文化

　　月季作为幸福、美好、和平、友谊的象征，深受人们喜爱，一些国家把它选为国花。

　　月季花是美国、意大利等国的国花。是中国北京、天津、唐山等53个城市的市花。北京、南阳历年举办一定规模的市花月季展、文化节等活动，其中，中国南阳月季文化节始于2010年5月，由中国花卉协会和河南省花卉协会主办。"鲜花绽放迎嘉宾，十里花香醉游人"。中国南阳月季文化节是一个融赏花观玉，旅游观光，经贸合作与交流为一体的大型综合性经济文化活动。它已经成为南阳发展绿色经济的平台和展示城市形象的窗口，南阳走向中国的桥梁和中国了解南阳的名片。

　　月季在中国传统文化中处于弱势地位，但新的考古发现，月季花是华夏先民北方系——相当于传说中的黄帝部族的图腾植物。为中国十大名花之一。月季被誉为"花中皇后"，而且有一种坚韧不屈的精神，花香悠远。原产中国，早在汉代就有栽培，唐宋以后更是栽种不绝，历来文人也留下了不少赞美月季的诗句。唐代著名诗

南阳月季文化节

清康熙五彩月季花神杯

清代居廉所谓《月季图》

人白居易曾有"晚开春去后，独秀院中央"的诗句，宋代诗人苏东坡诗云："花落花开无间断，春来春去不相关。牡丹最贵惟春晚，芍药虽繁只夏初。惟有此花开不厌，一年常占四时春。"北宋韩琦对它更是赞誉有加："牡丹殊绝委春风，露菊萧疏怨晚丛。何以此花容艳足，四时长放浅深红。"

月季典故

包青天与月季

包公60岁寿辰时，凡送礼的一概不收。一天来了一个人手里捧了一盆月月红来祝寿。包公的儿子就要他说出送月月红的道理，只听那人说出四句诗句来："花开花落无间断，春来春去不相关。但愿相爷尚健生，勤为百姓除贪官。"包公儿子就把这盆花连同那人的四句诗送给包公看。包公看了就走出来笑说了四句诗："赵钱孙李张王陈，好花一盆黎民情；一日三餐抚心问，丹心要学月月红"。包公收下了这盆月季花。这月季花包含了包公一心为百姓的心意，寓意深刻。

竞赛方案

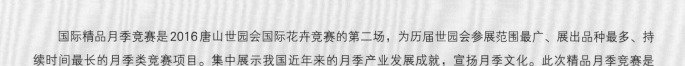

　　国际精品月季竞赛是2016唐山世园会国际花卉竞赛的第二场，为历届世园会参展范围最广、展出品种最多、持续时间最长的月季类竞赛项目。集中展示我国近年来的月季产业发展成就，宣扬月季文化。此次精品月季竞赛是2016唐山世园会同期最大亮点，也成为近年来中国最具影响力和文化内涵的月季盛会之一。

竞赛主题：流芳溢彩，醉美世园

竞赛地点：世园会综合展示中心B区一层

竞赛时间：2016年5月31日至6月20日

参展办法

　　在2016唐山世园会国际竞赛组委会的领导下，由中国花卉协会月季分会协助2016唐山世园会执委办园林园艺部统筹竞赛事宜，组织国内外月季产区、种植及加工企业、科研院所、贸易、文化等团体或个人64家参展，并组织完成竞赛方案、展品征集、布展、评比、颁奖及撤展等工作。

竞赛内容

◆ 月季造景竞赛　　　◆ 月季花艺竞赛　　　◆ 盆栽月季竞赛

◆ 盆景月季竞赛　　　◆ 新品种及创新竞赛　　◆ 月季切花及浮花展示

◆ 科普文化宣传　　　◆ 专业论坛研讨

　　其中：月季造景竞赛、月季花艺竞赛、盆栽月季竞赛、盆景月季竞赛、新品种及创新竞赛为本次竞赛的竞赛性项目；月季切花及浮花展示、科普文化宣传及专业论坛为参与性项目。

竞赛项目要求及评分标准

◆ 盆景月季竞赛

参赛要求：

　　作品必须为竞赛主题花卉；造型要体现意境及整体构图；作品须为健康植株，无明显病虫害；花朵应完好无缺，无污斑及变形，无病虫害及真菌感染。

评分标准：

1. 创意设计的主题得以合理的表现、独创性和原创性，权重20%。

2. 作品的整体构图造型设计平衡恰当，使用的材料恰当，每个要素都融洽地结合在一起并产生合适的效果，作品在视觉和实质上都保持平衡，有明显的三维空间，各部分的衔接自然、适当，权重30%。

3. 制作技艺在设计结构、修枝造型表现出来的技巧和专业性，权重25%。

4. 植株健康，无明显病虫害；花朵应完好无缺，无污斑及变形，无病虫害及真菌感染，权重25%。

◆ 月季造景竞赛

参赛要求：

植物材料以竞赛主题花卉为主，所用花材必须是新鲜、健康、优质的鲜花，展台布置要求主题明确、设计新颖，构图优美、展品体量及色彩协调，施工工艺细致，要求展台景点前有设计立意和寓意的文字说明。

评分标准：

1. 设计新颖，重点突出，体现2016唐山世界园艺博览会国际精品月季竞赛"流芳溢彩，醉美世园"主题，权重20%。

2. 以植物造景为主，强调体现月季的表现力，鼓励创新，提倡使用新材料、新技术，权重20%。

3. 反映地域文化特色，色彩配置合理，层次感强，权重20%。

4. 施工精心，养护到位，保证展会期间效果，权重20%。

5. 体现生态、环保、节约的理念，权重20%。

参展单位汇总

序号	参展单位	序号	参展单位
1	北京市花木有限公司	34	南阳金旺月季基地
2	北京纳波湾园艺有限公司	35	南阳朋祥月季有限公司
3	河南南阳月季合作社	36	云南省农业科学院花卉研究所
4	南阳月季基地	37	山东平阴玫瑰研究所
5	北京植物园	38	郑州植物园
6	天坛公园	39	重庆市南山植物园
7	山东省平阴玫瑰研究所	40	淮安市月季园
8	天坛公园	41	乌鲁木齐园林科研所
9	中国林业科学研究院华北林业实验中心	42	深圳市人民公园
10	北京瑞云香月季园	43	北京市崇文门花店
11	北京绿川园艺有限公司	44	北京山水艺城文化传媒有限公司
12	北京泛洋园艺	45	唐山市插花艺术研究会迁安市心语花坊
13	淮安市月季园	46	唐山市插花艺术研究会会员单位
14	亚龙湾国际玫瑰谷	47	唐山市插花艺术研究会会员单位追爱鲜花店
15	天津市园林花圃	48	唐山市插花艺术研究会会员单位唐山紫玫瑰花坊
16	北京益卉农业科学研究院有限责任公司	49	唐山市插花艺术研究会会员单位东方花艺设计室
17	沈阳市农业科学院	50	河北插花花艺专业委员会会员单位
18	郑州市城市园林科学研究所	51	河北省插花艺术专业委员会邯郸市蓝月亮花艺设计
19	北京市园林科学研究院	52	河北省花卉协会插花专业委员会会员单位承德勿忘我花店

续表

序号	参展单位	序号	参展单位
20	山西耿都园艺有限公司	53	河北省花卉协会插花专业委员会会员单位张家口温馨花店
21	南阳月季合作社	54	南京花狐
22	高碑店市园林局	55	The very Garden 花艺工作室 Sunny
23	北京益卉农业科学研究院	56	法国梅昂月季公司
24	杭州龙泰园艺有限公司	57	美国 weeks 月季公司
25	华阴市华山月季种苗有限公司	58	泰国月季
26	上海市辰山植物园	59	日本岐阜月季园
27	贵州省植物园	60	Altman Plants
28	定州二明月季园	61	Yuxi De Ruiter Flower Co., Ltd
29	河北省南阳市熊彪月季繁育基地	62	澳大利亚月季公司
30	保定市宏雷园林绿化工程有限公司	63	美国贝利苗圃公司
31	北京植物园	64	荷兰迪瑞特月季公司
32	河南南阳成教月季繁育基地	65	厄瓜多尔玫瑰公司
33	南阳富民月季基地		

◆ **盆栽月季竞赛**

参赛要求：

品种准确，符合参赛细则要求，材料完备；整体效果好，株丛完整，花枝分布均匀，盆器与植株协调；花色明亮、花型典型、优美；作品须为健康植株，无明显病虫害。花朵应完好无缺，无污斑及变形，无病虫害及真菌感染。

评分标准：

1. 株型植株形态均匀度、分枝能力，花枝量，权重20%。

2. 花朵形态、色彩、花瓣质地、花茎大小、上花数量整齐度、香味，权重40%。

3. 枝叶完整、叶子大小适中、质地、枝条粗细，权重20%。

4. 植株健康，花朵应完好无缺，无污斑及变形，无病虫害及真菌感染，权重20%。

◆ **新品种及创新竞赛**

参赛要求：

2005 年 1 月 1 日后通过国家省市级以及品种鉴定委员会审定的品种、权威刊物发表的品种，必须提交鉴定证明、照片及说明；展出形式为盆栽形式。

评分标准：

1. 品种准确，符合参赛细则要求，材料完备，权重20%。

2. 整体效果好（株丛圆整，花枝分布均匀，盆器与植株协调），权重30%。

3. 花色明亮、花型典型、优美，权重25%。

4. 特点突出（抗逆性强、花期长、花香明显、丰花等），权重25%。

◆ **月季花艺竞赛**

参赛要求：

作品焦点必须为竞赛主题花卉，适当搭配其他植物材料及装饰材料；作品要体现意境及整体构图，色彩搭配协调。

评分标准：

1. 创意设计的主题得以合理的表现，拥有独创性和原创性，权重20%。

2. 作品的整体构图造型设计平衡恰当，使用的材料恰当，每个要素都融洽地结合在一起并产生合适的效果，作品在视觉和实质上都保持平衡，有明显的三维空间，各部分的衔接自然、适当，权重30%。

3. 色彩搭配评及各个色彩之间的协调性，与主题相关的颜色使用恰当，色彩的过渡给人美感，权重25%。

4. 制作技艺在设计结构、枝叶剪裁上表现出来的技巧，使用胶条、绳子及其他设计材料时正确和专业，权重25%。

奖项设置

竞赛产生各类分项金奖23名、银奖34名、铜奖17名，共计74名；分别给予组委会颁发的证书及奖金。竞赛各奖项数量、奖金可根据参赛作品数量按比例适当调整，具体作品数量以实际为准。

评奖时间：2016年5月30日。

颁奖时间：2016年5月31日。

评审办法

成立竞赛监督委员会。由中国花卉协会展览部处长刘雪梅、河北省花卉协会副秘书长梁素林、2016唐山世园会执委会副主任张海组成国际花卉竞赛监督委员会，职责是监督国际竞赛各项赛事的评审工作，确保评审过程中公平、公正、公开，各项相关工作顺利进行。

成立竞赛评审委员会。国际花卉竞赛组织委员会邀请中国花卉协会月季分会会长张佐双担任评审委员会组长（左二），天坛公园全国劳动模范李文凯（左一）、中国农业科学院研究员李鸿权（右二）、中国花卉协会月季分会副会长王波（右一）组成专项竞赛评审组。

评审委员合影

布展方案

设计单位

北京市花木有限公司

项目背景

2016唐山世界园艺博览会国际精品月季竞赛，布展于唐山世园会综合展示中心B区一楼，展馆可用面积约3300平方米，布展景观占地约1500平方米，游客在馆饱和量约600人。图中绿色区域为月季盆栽、新品种月季、月季盆景竞赛区；蓝色区域为用一场"爱情故事"及"森系婚礼"为造景载体的中心景观区，以微缩景观、花艺造景、喷绘写真、展台展板等多种形式展示不同的月季品种。红色区域为科普文化宣传区、月季现代花艺竞赛区、月季切花及浮花展示区。

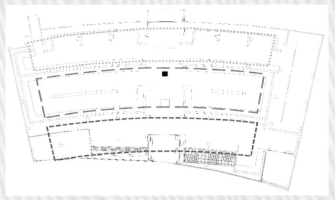

功能分区

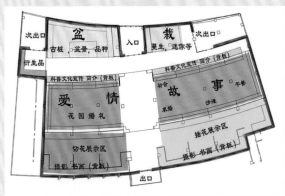

平面规划

切花展示区

此区域为切花及水体浮花展区。展区内囊括目前国内、国外生产加工的月季切花品种。有自然状态的，也有染色处理过的。来自厄瓜多尔及肯尼亚的进口鲜切花品种具有花型大、色彩艳、枝条长且直顺、品质佳的优点，深受大众喜爱。

展示效果

◆ 水钵浮花

'绿萼'　　　　　　　'柔情似水'　　　　　　　'粉扇'

'却科克'　　　　'绯扇'　　　　'睡美人'　　　　'金凤凰'

◆ 月季切花

'3D'　　　　'北极星'　　　　'弗洛伊德'　　　　'闺蜜'

'卡巴莱'　　　　'卡门'　　　　'列奥尼达'　　　　'绿柠檬'

'梦幻粉'　　　　'七彩玫瑰'　　　　'天空'　　　　'自由精神'

花艺墙饰展示区

用月季永生花装饰的人体剪影墙饰，色彩艳丽，造型立体、活跃时尚。

展示效果

插花展示区

此区域为插花花艺展区。画家用笔表达思想；诗人用文字表达情感；作曲家用旋律表达内心。对于一个花艺师来说，用他所触及到的鲜花，同样可以体现人文文化。以月季为主要花材，邀请北京、河北两地一流花艺师精心创作的现代花艺作品，带给人们视觉的享受与心灵的共鸣。

设计效果

展示效果

中心景观区

西侧以"爱情故事"为主线，在设计中用"花园初会""沙滩看海""浪漫午餐""求婚"等场景组合而成，来体现爱情整个的过程；在入口处通过现代花艺表现手法与月季盆栽花卉巧妙融合的展示方式，让游客进入展区时，不再置身事外的欣赏，而是身临其境的感受一场"爱情故事"。同时，传达给游人一个讯息：鲜花可以伴随着我们的生活，鲜花可以表达出我们的情感。

设计效果

展示效果

　　西侧用"森系婚礼"为主线，体现的是抛开繁缛的仪式，摒弃庸俗的炫富，回归自然，执子之手，与子偕老才是爱情的圆满。现代的婚礼喧嚣、炫富、揽财，早已脱离了爱情的真谛。"森系婚礼"的场景设置用材多为自然状态。比如婚礼舞台用白桦原木搭建，藤本月季攀援而上；"奏响"婚礼进行曲的钢琴装点着迷你月季；餐桌上的餐盘、酒杯中同样是月季，回归"情比金坚"的初心。

设计效果

展示效果

盆栽月季展示区

盆栽月季展示区分为：盆栽及新品种竞赛区、古桩月季展示区、盆景及迷你月季竞赛区。

设计效果

◆ 盆栽及新品种竞赛区

盆栽及新品种竞赛区，品种繁多，争奇斗艳，姿态妖娆，暗香浮动，集中展示了我国各地花匠的栽培技艺及月季行业发展水平。

展示效果

◆ **精品盆栽月季**

'阿班斯'　　　　'朝云'　　　　'大花'

'奥西利亚'　　　'冰山'　　　　'大奖章'　　　　'粉扇'

'富乐星'　　　　'红从容'　　　　'红牡丹'　　　　'红双喜'

'黄蝴蝶'　　　　'金凤凰'　　　　'金玛丽'　　　　'莱茵富贵'

'绿萼'　　　　'柔情似水'　　　　'美多斯'　　　　'美国粉'

'双色'　　　　　'四季玫瑰'　　　　　'燕妮'　　　　　'赞歌'

◆ 古桩月季展示区

古桩月季传世精品区，苍劲的树桩与娇嫩的花朵形成鲜明对比。虬根鲜花，仿佛诉说着历史的风云，给人们带来感官的冲击，历史的厚重与当下的明媚鲜妍引人浮想。

展示效果

◆ 盆景及迷你月季竞赛区

此展区有国内外获奖品种，也有最新培育的新品种，还有栽植在茶壶、茶杯中的微型盆景，美轮美奂，使人目不暇接。

展示效果

评审颁奖

2016唐山世界园艺博览会国际精品月季竞赛评审于5月30日举行。颁奖典礼于5月31日举办，并邀请中国绿化基金会副秘书长陈蓬、世界月季联合会副主席赵世伟、中国农业大学教授赵梁军、中国农业科学院蔬菜花卉研究所研究员葛红为颁奖嘉宾。

本次竞赛评审组根据2016唐山世界园艺博览会国际精品月季竞赛评审要求和设奖规定，对64家参赛单位的246件参赛作品进行了评审。获得评审结果如下：各类奖项共评出74项、其中金奖23项、银奖34项，铜奖17项。其

评审现场

中，北京纳波湾园艺有限公司、北京市植物园等7家参展单位获得盆栽月季竞赛金奖；北京园林科学研究院、北京纳波湾园艺有限公司、南阳月季基地获得月季新品种及创新竞赛金奖；北京纳波湾园艺有限公司、郑州市碧沙岗公园获得盆景月季竞赛金奖；唐山市插花艺术研究会迁安市心语花坊、河北插花花艺专业委员会获得月季花艺竞赛金奖；北京市花木有限公司崇文门花店、北京纳波湾园艺有限公司获得月季造景竞赛金奖。

总结会与颁奖典礼

相关活动

专业研讨会

2016唐山世园会国际精品月季竞赛成功举办，汇集了全国顶尖月季研究、育种、生产单位，为游客搭建了一个展示月季之美、展示月季栽培育种成就、展示月季发展现状和趋势的国际月季盛会。同时为了促进了专业技术的交流，更有力地推动行业发展，在展会期间举办了以"月季与城市名片"为主题的月季论坛。诚邀国内生产企业、农林高校、科研院所、植物园等8位行业专家为代表，围绕当代月季发展现状，集中汇报了我国月季行业尖端领域研究成果。

研讨会集体讨论发言

科普文化宣传

　　通过展板全面展示和宣传普及月季传统文化，衍生品及产品，栽培育种成就，展示月季发展现状和趋势；通过现场教学，与游客互动，展示月季修剪及养护技巧。

竞赛总结

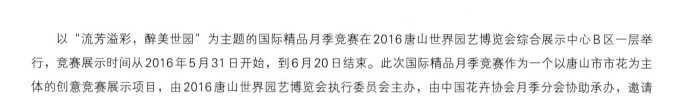

  以"流芳溢彩，醉美世园"为主题的国际精品月季竞赛在2016唐山世界园艺博览会综合展示中心B区一层举行，竞赛展示时间从2016年5月31日开始，到6月20日结束。此次国际精品月季竞赛作为一个以唐山市市花为主体的创意竞赛展示项目，由2016唐山世界园艺博览会执行委员会主办，由中国花卉协会月季分会协助承办，邀请国内外月季协会、植物园、公园、月季企业、高等院校、重点科研机构等64家参展单位，旨在搭建一个展示月季之美、展示月季栽培育种成就、展示月季发展现状和趋势的国际月季盛会。

  2016唐山世园会国际精品月季竞赛分为六部分内容：①月季古桩、盆景、品种竞赛展示区；②蔓生、迷你盆栽月季竞赛及展示区；③月季切花竞赛展示区；④月季插花竞赛展示区；⑤文化、科普、宣传展示区；⑥以爱情故事为主线的月季主景区。

  本次竞赛为历届世园会参展范围最广、展出品种最多、展示面积最大、持续时间最久的月季类竞赛项目。参与竞赛展示的国外单位来自包括法国梅昂月季公司、美国维克斯月季公司、荷兰迪瑞特月季公司、日本岐阜月季园等国际知名月季企业11家；国内有北京市花木有限公司、北京纳波湾园艺有限公司、中国林业科学研究院、上海林业科学研究院辰山植物园等国内优秀代表53家。共展示大花月季、丰花月季、树状月季、微型月季、藤本月季500余个品种，1000余盆。其中，参展作品246件，共评选出金奖23件、银奖34件、铜奖17件，优秀奖若干。竞赛展示为期21天，远超月季自然花期，期间通过维护、调控、换花等措施，为唐山世园会游客呈现馥郁芬芳、经久不衰的视觉盛宴。

  国家建设部专家委员会风景园林专家、全国绿化劳动模范、国际植物园协会亚洲地区分会理事、中国花卉协会月季分会会长张佐双先生参观后有感："唐山世园会月季竞赛，充分融合国际月季文化及国际流行的花艺手法，展示了月季的传统文化韵味及时代时尚的气息，是全面展示我国月季产业发展及取得重要成果的重要媒介，感谢唐山人民，感谢所有参与国际精品月季竞赛的参赛机构、个人和实施单位！感谢你们的热情参与和辛勤付出以及对月季产业发展起到的积极促进作用！"

月季联合会主席杰拉德·梅兰以及秘书长一行参观此次精品月季竞赛

第四章

国际花境景观竞赛

花境

花境是近年来我国园林造景中备受关注的一类花卉应用形式。它是采用生态和艺术方法，将多种花卉配置在一起，形成在立面、色彩质地、季相上都富于变化的一种自然式花卉应用形式。科学、艺术的花境营造是"虽由人作，宛自天开""源于自然，高于自然"的植物景观，在公园、休闲广场、居住小区等绿地配置不同类

型的花境，能极大地丰富视觉效果、增加景观多样性，主要表现的是自然风景中花卉的生长规律，表现植物个体生长的自然美，同时更重要的是展现出植物自然组合的群体美。花境一次种植多年呈景，是较节约的一种花卉应用形式，符合我国节约型园林建设需要。花境与现代园林植物配置中崇尚回归自然、重视生态的理念不谋而合，因此在国内备受推崇。

花境已经从经典的庭园模式发展到林缘花境、临水花境、岛状花境、路缘花境、岩石花境、专类花境等并存的多种形式。

花境的起源与发展

花境产生发展于英国花园，历史悠久，*the Genius of Garden* 中指出"在维多利亚女王时代通过植物搜集和植物育种，得到的宿根植物，并不适合在规则的苗床中栽培。"于是，为了给宿根草本植物和灌木留有种植空间，就产生了花境。花境在欧洲发展前期，主要作为节结园和花坛镶边而存在，而且在形式上与现今所指的花境有着较大不同。在欧洲经济蓬勃发展基础上，由于崇尚自然式园林，促使花境成为独立的花卉应用形式，发展至今花境成为英国花园的典型代表。花境之所以在英国发展，主要由社会经济的发展驱动、开放的园林思想及自然式园林的影响、独特的气候条件与从未间断的引种工作、设计师的引领和论著的影响、花园的平民化精神等因素决定。

中国花境发展尚在起步阶段。日前随着人们对生态的关注，对自然形式的进一步崇尚，一些大中城市开始有局部应用，其中以南方部分城市为多，尤其是上海。上海从2001年起，着手组织数个花境应用试点，并取得较好效果。北方城市如北京有一些应用，大多集中在公园，在街心绿地使用较少。整体来看，我国花境应用较少，现有花境景观单调，缺少自然协调之美和季相变化之美，造景过程中，每季、每年更换花材投入较大，没有体现出花境的经济性。

竞赛方案

　　国际花境景观竞赛在唐山世园会核心区举办，西起丹凤朝阳广场，东至国内园，面积达10500平方米，为2016唐山世园会国际花卉竞赛的第三场，是国内举行的首例花境类的国际景观竞赛，施法自然、百花齐放的景观效果，充分展示了国内外花境造景水平和产业发展趋势，丰富了世园会色彩看点及文化内涵。为广大游客提供了一场美轮美奂的视觉盛宴，会期内全程对公众开放，会期后保留，成为园区永久性景观。

竞赛主题：百花齐放，缤纷世园

竞赛地点：龙山北路至国内园范围

竞赛时间：2016年6月10日至8月10日

参展办法

　　在2016唐山世园会国际竞赛组委会的领导下，由中国风景园林学会园林生态保护专业委员会协助2016唐山世园会执委办园林园艺部统筹竞赛事宜，组织国内外擅长花境景观营造的企业、科研院所、植物园（公园）参展，共计44家单位，并完成赛区规划、养护、评比、颁奖及开展研讨会等工作。

竞赛内容

　　◆ 花境大赛　　　◆ 大学生花境设计大赛　　　◆ 专业论坛

　　花境大赛参展单位根据所需选择竞赛区域进行设计、施工，分为景观综合竞赛、景观创新竞赛、花材品种竞赛以及景观设计竞赛；大学生花境设计大赛为前期竞赛项目，由来自全国的农林高校的大学生参加，获奖作品由承办单位现场实施；专业论坛邀请全国花境专家、学者以学术报告方式进行。北京市花木有限公司作为本次竞赛承办方之一，负责竞赛区域前期场地管理、灌溉设施搭建。

竞赛项目及评审标准

◆ 花境景观综合奖

　　1. 设计理念：设计理念切合主题，且符合中国政府有关法律和精神文明建设要求；主题明确，创意新颖，特色明显，权重15%。

　　2. 设计效果：平面构图协调，比例得体和谐；立面高低起伏，错落有致，节奏感强；花色对比强烈、花朵鲜艳亮丽、花卉品种协调统一。权重40%。

3. 植物材料：花境的植物种类丰富，植物生活型多样；能适应当地的生长环境，生长状况良好；选用的花境植物材料品种新颖，且性状优良，无病虫害和毒性等，无生物入侵的风险；鼓励使用乡土植物资源；选用的植物材料以宿根花卉为主，搭配部分灌木及一二年生花卉、球根花卉，一二年生花卉和球根花卉使用量不超过30%。权重20%。

4. 施工养护：施工后效果与图纸内容一致，且施工效果良好；植物长势良好，无花茎倒伏、折损状态，无杂草或植物蔓延现象。权重25%。

◆ 花境景观创新奖

1. 设计理念创新：设计理念将可持续发展、低维护、节约型等新优理念应用于花境设计之中。权重30%。

2. 设计主题创新：从花境的艺术效果、植物特性、植物类型、花境功能等多方面切入，设计主题新颖别致。权重40%。

3. 景观表达形式创新：运用新颖的设计语言与景观表达形式。权重30%。

◆ 花材品种新优奖

1. 自育新品种应用奖：花境的植物材料采用了具有自主知识产权的新品种，且新品种表现性状优良；植物材料在花境应用得当，景观效果好。

2. 乡土植物资源利用奖：利用具有地方特色的乡土植物进行花境景观营造；植物抗逆性强，观赏效果好，应用得当，景观效果好。

◆ 花境景观设计奖

1. 设计理念：主题明确，切合主题，创意新颖，特色明显。权重15%。

2. 设计效果：平面构图协调，比例和谐得当；立面高低起伏，错落有致，节奏感强。权重45%。

3. 设计图纸：平面构图协调；图纸数量齐全，方案图、施工图、效果图兼备；图纸表达规范，符合制图标准；图纸表述的内容清晰。权重10%。

4. 植物材料：花境的植物种类丰富，植物生活型多样；植物材料能适应当地的生长环境，生长状况良好；选用的花境植物材料品种新颖。权重30%。

◆ 全国大学生花境设计大赛

同花境景观设计奖。

奖项设置

竞赛设花境景观综合奖，金奖5名、银奖10名、铜奖10名，优秀奖13名；花境景观创新奖10名；花材品种新优奖，设置自育新品种应用奖3名，乡土植物资源利用奖2名；奖项总数53名。分别给予组委会颁发的证书及奖金。

评审办法

成立竞赛监督委员会。由中国花卉协会展览部处长刘雪梅、河北省花卉协会副秘书长梁素林、唐山世园会执委会副主任张海组成国际花卉竞赛监督委员会，职责是监督国际竞赛各项赛事的评审工作，确保评审过程中公平、公正、公开，各项相关工作顺利进行。

成立竞赛评审委员会。国际花卉竞赛组织委员会邀请苏州农业职业技术学院教授成海钟先生（中）为本次花境竞赛评审组组长，由北京植物园园长赵世伟（左四）、浙江大学园林研究所所长夏宜平（左一）、北京林业大学教授董丽（左三）、上海种业（集团）有限公司总经理龚振德（左二）组成专项竞赛评审组。

根据地块所处环境，将花境分为以下5类：路缘花境、滨水花境、坡地花境、林下花境、岩石花境。共划分44个展区，每个展区面积在100~450平方米。

评审委员合影

龙山　　国内园　　热带植物风情馆

1. 北京市园林科学研究院
Beijing Institute of Landscape Architecture
2. 德国班纳利种子有限公司
Benary Seeds Co.,Ltd.
3. 日本坂田种苗株式会社
Sakata Seed Co.,Ltd.
4. 南京林业大学风景园林学院
Nanjing Forestry University
5. 意大利万木奇植物公司
Vannucci Piante Pistoria
6. 天津园林花圃
Tianjin Flower&Gardening Nursery
7. 上海市园林科学研究院
Shanghai Academy of Landscape Architecture Science and Planning
8. 北京山水心源景观设计院
Beijing XY Landscape Architecture Design Co.,Ltd.
9. 沈阳市园林科学研究院
Shenyang Academy of Landscape Gardening
10. 重庆市风景园林科学研究院植物研究所
Chongqing Landscape and Gardening Research Institute
11. 广州市林业和园林科学研究院
Guangzhou Institute of Forestry and Landscape Architecture
12. 北京东方园林股份有限公司
Beijing Florascape Co.,Ltd.
13. 北京林业大学
Beijing Forestry Universit

14. 重庆市南山植物园
Chongqin Nanshan Botanical Garden
15. 威海绿苑园林工程有限公司
Weihai Lvyuan Flowers Co.,Ltd
16. 郑州贝利得花卉有限公司
Zhengzhou Belide flower Co.Ltd.
17. 上海信艺园林绿化有限公司
Shanghai Hengyi Landscape Co.Ltd.
18. 捷克布拉格植物园
Prague Botanical Garden
19. 悉尼皇家植物园
Royal Botanic Garden,Sydney
20. 浙江农林大学
Zhejiang A&F University
21. 荷兰沃姆斯凯克公司
Heemsr ik Waste Planten-Perennials
22. 中国科学院植物研究所
Chinese Academy of Sciences,Beijing Botanical Garden
23. 美国德克萨斯农工大学
Texas A&M University
24. 浙江虹越花卉股份有限公司
Zhejiang Hongyue Horticulture Corp
25. 北京市花木有限公司
Beijing Horticulture
26. 青岛美田园艺景观有限公司
Qingdao Meitian Gardening Landscape Co.,ltd.

27. 上海上房园艺有限公司
Shanghai SF-Garden Co.Ltd.
28. 上海植物园
Shanghai Botanical Garden
29. 英国汤姆森摩根公司
Thompson and Morgan Ltd
30. 美国特拉诺娃公司
Terra Nova Nurseries,Inc.
31. 北京林业大学
Beijing Forestry University
32. 艾奕康环境规划设计
33. 北京植物园
Beijing Botanical Garden
34. 北京市农林科学院草业中心
Beijing Research & Development Center for Grass Environment
35. 北京林业大学
Beijing Forestry University
36. 上海辰山植物园
Shanghai Chenshan Botanical Garden

37. 云南世博园艺有限公司
Yunnan Expo Horticulture Co.Ltc.
38. 石家庄植物园
Shijiazhuang Botanical Garden
39. 郑州植物园
Zhengzhou Botanical Garden
40. 华艺生态园林股份有限公司
Hua YI Ecological Landscape Architecture Co.Ltd.
41. 北京市园林古建设计研究院有限公司
Beijing Institute of Landscape and Traditional Architectural Design and Resea ch Co.Ltd.
42. 唐山植物园
Tangshan Botanical Garden
43. 浙江人文园林有限公司
Zhejiang Humanition Horticulture Co.Ltd.
44. 浙江农林大学园林学院
Zhejiang A&F University

- 路缘花境
- 坡地花境
- 林下花境
- 岩石花境
- 滨水花境

参赛作品

参展单位：石家庄植物园

石家庄植物园位于河北省石家庄西北方，是集种质资源保存、科普教育、休闲娱乐为一体的近郊绿色生态休闲基地。

作品名称：梦幻情感花园

以梦幻情感花园为主题，利用花卉色彩来表达情感，分别用黄色系花境、红色系花境、粉色系花境、紫色系花境打造温馨花园、热情花园、浪漫花园及神秘花园，在花境植物的选择上，主要以同色系的时令花卉、宿根花卉搭配观赏草、同时通过不同颜色的混植，从而达到表达细腻色彩感情的效果。花境中各类花卉、灌木高低错落，排列层次丰富，平面轮廓自然，以体现植物的自然美和群体美。混合花境色彩丰富。

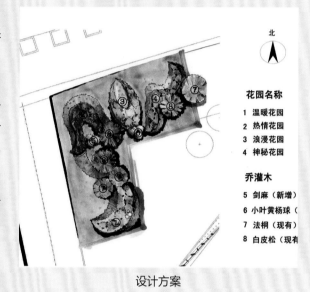

设计方案

展示效果

参展单位：捷克布拉格植物园

布拉格植物园位于捷克共和国首都，是一个极具自然气息、引人入胜的植物园。园区包括：热带展览温室、收集耐寒仙人掌的墨西哥园、宿根花卉园以及历史悠久的圣克莱尔葡萄酒庄园等。

作品名称：布拉格之夏

结合本区域特点，设计采用布拉格植物园的标志来设置花境，以耐阴草坪打底，叶形、叶色、花色丰富的宿根花卉为主体来拼出字母"B"的形状，形成前景、中景、后景三个层次的花境景观，无论从两侧任意一条路上都能看见隐藏在自然中的布拉格植物园标志。在与旁边地块相接处，考虑景观的协调性，采用自然条带的设计形式进行过渡，同时也起到了烘托设计主体的作用。

展示效果

参展单位：北京市园林科学研究院

北京市园林科学研究院是北京唯一的市级园林绿化行业公益性科研院所，在新优园林植物引进选育、园林生态、古树复壮、数字园林工程、有害生物防治、植物营养诊断、园林综合节水技术等方面具备雄厚的科研实力。

作品名称：家·田园

田园生活令许多繁忙的现代都市人向往，"家·田园"花境设计的初衷就是为都市中忙碌的人们塑造一个采菊东篱的田园景观，给人以闲适清幽的视觉感受。设计中使用竹篱营造半围合空间，设置了陶罐、象征白色河流的旱溪、点景的置石等园艺要素，使游人步行至此，感受到家园的温馨。花境以绿为基调，蓝、紫、黄为主调，以白、朱红为补充色。使得整体色彩给人以协调而有特色的印象，突出"缤纷四季"的主题。

设计方案

设计方案　　　　　　　　　　　　　　　　展示效果

参展单位：德国班纳利种子有限公司

德国班纳利种子有限公司是成立170多年的家族式育种企业，拥有大花海棠'比哥'等2000多个品种，荣获20个全美新品种选拔赛大奖（AAS），14个欧洲新品种选拔赛金奖（FSG）和20个欧洲新品种选拔赛品质奖（FSQ）等。

作品名称：龙之眼

色彩是花卉重要的观赏性，本花园充分利用开花植物的色彩多样性，方案是德国园艺专业人士按照德国花园口味设计。花园叫"Dragon eyes"，由宿根花园、花海、龙眼和招蝶园四部分组成。宿根花园特征是"Blau Phase"（蓝色乐章），典型的德国宿根园。整个花园的主题是"花卉是地球的笑脸"，特点是色彩的多样性。

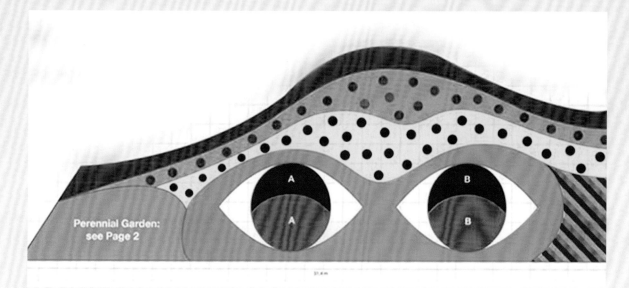

设计方案

展示效果

参展单位：南京林业大学风景园林学院

学院多年来致力于教学、科研、风景园林规划与设计的野生观赏植物资源开发利用的实践。完成"山东城市总体规划"和其他城市规划，完成"扬州市的城市绿地系统规划"等30多个城市绿地系统及20多个景观建筑设计。

作品名称：且听风吟

本次设计正是以"风"为主题，植以大片观赏草，通过观赏草的摇曳展现风的无处不在，无形包容。春季草木繁盛，色调以绿色为主，如和煦春风，舒适自然；夏季浓烈奔放，冷调与暖调花卉相应而生，若夏风习习；秋季萧瑟凋零，黄昏最却柔情美丽，红白花卉相映成趣，如夕阳下的秋风，刺骨却带有温暖。

设计方案

展示效果

参展单位：上海市园林科学规划研究院

上海市园林科学规划研究院前身为上海市园林科学研究所，成立于1979年，职责明确为主要承担本市涉及绿化、林业、湿地、环卫等专业领域的应用技术研究和规划编制等。专业领域涵盖绿化植物育种栽培、绿地质量和种植土壤介质检测与修复、绿林湿地生态修复与营建、林业碳汇等生态服务价值评估、有害生物防控、有机湿垃圾再利用等多个版块。

作品名称：沁·心

作品希望给游客带来对生命的感动，芬芳多姿的花朵、虫鸣鸟叫的环境，正是春天的乐章。作品将曲线作为整体设计的基调，不仅可以为游客带来灵动感，更使其整体造型统一、个体各具特色。在种植层面上，充分利用小乔木、灌木、草本植物进行配置，点缀观赏草在质感上具有柔和、飘动的特点，软化了之前基址植物配置中的直硬感。层次错落，丰富了竖向视觉空间。在植物选择方面，考虑路缘花境的地理条件，选择易养护、观赏期长、成本较低的多年生宿根花卉为主，以便形成优质持久稳定的花境景观效果。

设计方案

展示效果

参展单位：重庆市风景园林科学研究院植物研究所

重庆市风景园林科学研究院成立于1980年，是重庆市唯一的市属园林绿化行业公益性科研院。主要从事园林绿化技术应用基础研究、园林绿化科研成果示范推广、园林绿化技术咨询指导及园林信息交流服务等工作，为市委、市政府在风景园林绿化建设决策方面提供科学依据，为行业管理提供科技支撑。

作品名称："自然"的绽放

通过自然线条的围合，在规整地块中形成主次分明的自然组团，观赏面预留50厘米草坪，形成层次分明、色彩丰富的自然色块和线条，达到规则与自然融合的花境景观，突出竞赛主题。

细叶芒	鸢尾	羽扇豆	石竹
紫叶山桃草	落新妇	矾根	勋章菊
堆心菊	金鸡菊	筋骨草	矮牵牛
柳枝稷	景天	金叶石菖蒲	

设计方案

展示效果

参展单位：北京东方园林生态股份有限公司

东方园林是目前全球景观行业市值最大的公司，是生态环保领域的领导品牌，具有生态修复、生态景观、环保投资、危废处理、文旅、婚庆、苗木多个版块。

作品名称：花与境

旨在倡导"花由境生"的生态理念。花境并非拘泥于庭院、公园节点或街头绿地，它可以与生态修复相结合营造各类生境的花卉景观。次作品以旱溪为主线，模拟自然生境，展示了旱溪雨水花园、砂砾园、灌木花卉组合的自然生态景观，诠释了对生态花境认知的新理念。

设计方案

展示效果

参展单位：重庆市南山植物园

　　重庆市南山植物园是国家AAAA级景区，植物园收集我国亚热带低山植物种质资源，是以保存、观赏、收集、栽培、科普研究和园林艺术景观展示为一体的低山类观赏植物园。

作品名称：化蝶

　　本设计以吐丝成茧、化蛹为蝶为花境基本创意，美丽蜕变过程寓意新唐山涅槃重生，人们追求多姿多彩的幸福生活。植物配置上，创新运用多品种有序的散点混播的手法，以达到自然融合的景观效果。

设计方案

植物选材上，蚕、蛹、蝶全部使用宿根花卉，绝大多数都可以在唐山露地越冬，种植品种超过100个。

展示效果

参展单位：上海恒艺园林绿化有限公司

上海恒艺园林绿化有限公司是一家从事花境设计、工程施工以及生产配送宿根花卉、花灌木、观赏草和水生湿生植物等新优品种于一体的专业园林绿化公司。

作品名称：沁园雅境

设计采用挡土墙将带状区域巧妙分割成3部分。在挡土墙前以观赏草及吹塑玻璃为视线焦点。在花境的起始及尽头应用混合种植手法形成一个强有力的"休止符"。沿着花境长度方向以暖色调为主的毛地黄、落新妇、红花槭葵等重复出现制造节奏韵律，使花境显得生机勃勃。应用林下鼠尾草、松果菊等植物点缀相对规则的植物中。色彩上用深蓝色为主，搭配白色和奶黄色形成一种自然雅致的主色调。

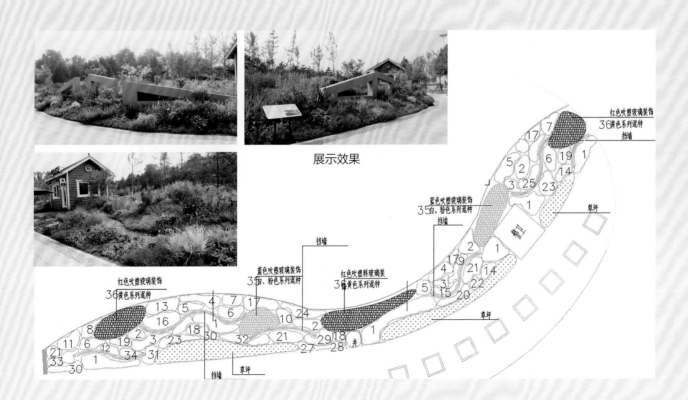

展示效果

参展单位：浙江农林大学园林学院

浙江农林大学位于浙江临安市，是省内唯一的省属本科农林高校，是浙江省政府与国家林业局共建高校。本设计小组来自浙江农林大学园林学院"黑豹工社"植物景观与生态团队（以植物景观规划设计、园林植物资源和产业化、现代家庭园艺等领域为特色的科研、教学和社会服务的专业团队）。

作品名称：花间觅

本设计通过不同植物材料与趣味装置的有机结合，为游人创造舒爽、温馨、浪漫的林下活动场所，同时选取一定的蜜源植物、芳香植物来使游人可以看得到奇特的花朵、闻得到沁人的芳香、碰得到植物的质感、听得到虫鸣鸟叫，从不同方面感知自然无穷魅力。结合林地与花境，布置形态各异的猴子植物小品，突出猴年趣味，小品由藤条及生活废弃物编织而成，体现了生态、环保、绿色、节约的设计理念。

展示效果

参展单位：中国科学院植物研究所

中国科学院植物研究所建于 1956 年，地处首都，历史悠久，以科研力量雄厚的植物研究为依托，是我国植物学与植物园领域对外展示成果和学术交流的门窗。现有土地面积 74 公顷，栽培植物近 6000 种。

作品名称：清雅 野趣

以乡土植物结合房山石造景，营造自然、野趣的乡土景观。在配置手法上以混栽及组团式种植为主，少量花灌木起到背景及局部焦点作用。以展示多品种搭配为主，营造自然优雅的林下环境，在植物质感、色彩上进行合理搭配，形成过渡区域。现场靠近路缘处局部以留白的方式处理，配合山石、石砾及植物点缀，方便游人近观，背景处加入木质栏栅，起到围合和装饰作用，同时局部抬高花境地形，给游人营造最佳观赏空间和视距。

设计方案

展示效果

参展单位：美国德克萨斯农工大学

德克萨斯农工大学（英文：Texas A & M University，简称 A & M 或 TAMU）位于美国德克萨斯州大学城，创立于1876年。成立时名为德州农业与机械学院，是德州第一所高等教育学府。A & M 拥有极高之学术成就，在美国与国际间皆享有盛名，一直以来皆名列各大权威学术评鉴机构所列之世界百大名校之一。该校其中一个闻名于世的是其顶尖的科学克隆技术，人类史上的第一只克隆猫、克隆狗都是该校的研究成果。

作品名称：热浪·清凉

本区域在入口种植上选用色彩鲜艳的物种来奠定欢快热烈的基调。整体种植以多年生植物作为花境骨架，以精美艳丽的一年生植物表现丰富的色彩和质感。在花期内，不同种类的花卉群构成的曲线犹如热浪，呈现着园艺博览会参与者的热情以及园艺产业的勃勃生机。在花期之后，多年生植物可以填补一年生植物留下的空当，减少保养成本，达到可持续发展的目的。在林下一侧，设计以丰富而温和的植物色彩，渲染出恬静自然的氛围，在炎炎夏日，塑造出一个从视觉予人清凉的感受，更从微气候上增加湿度，降低温度，达到真正舒适的微空间。

设计方案

展示效果

参展单位：北京市花木有限公司

公司成立于1956年，是以花卉苗木生产、经营、科研以及市政工程和苗林经常化工程设计、施工为主体的大型综合性公司，是"全国十佳花木种植企业"和"北京市农业产业化重点龙头企业"。公司1986年以来一直承担着国庆天安门广场、长安街等重大节日花卉布置任务，多次代表北京市参加各类国际花卉竞赛和比赛，屡获殊荣。

作品名称：春华秋实

结合现场坡向和主要观赏面，通过对纵深上的植物色彩、质感有序的组合，横向上展现出春暖花开、绿意盎然、秋草瑟瑟的自然更替之美。在实施过程中，将混植大量菊科植物，沉迷半年的菊科植物将在秋季绚丽绽放。

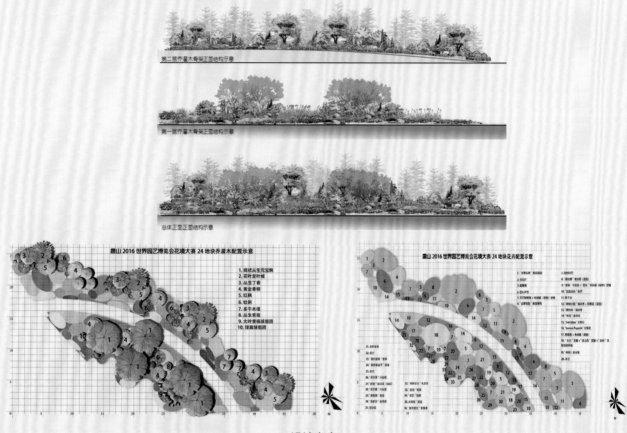

设计方案

展示效果

参展单位：浙江虹越花卉股份有限公司

浙江虹越花卉股份有限公司成立15年来，旗下拥有13家子公司、12家花园中心，整合全球园艺资源。以"创新园艺空间分享式花园生活"为发展战略，为中国老百姓打开全景天窗，体验最具潮范儿的园艺生活。

作品名称：都市梦田

让冷色调的石子像河流一样从心中的田地流过，润心田，也为春风到来时，生命的复苏奠定基础。梦幻般色彩

设计方案

展示效果

的花朵在心中绽放，也在现实中释放芬芳。左边是粉色的缤纷，右边是蓝色的宁静，不同流向，带来不同的花卉色彩组合，给人不同的心情体验。借用背景建筑以及回收材料制作的装饰小品，使得忙碌之中的生活，可以停下脚步思考，城市与田园，人与自然，如何去看待，如何去接纳，如何去修复，如何去耕作，达到和谐。

参展单位：青岛美田园艺景观有限公司

青岛美田园艺景观有限公司是一家种质资源丰富、技术力量雄厚的综合性花卉企业，由花卉育种、立体花坛、花境花海、植物绿墙、庭院景观营造等多个板块组成。公司拥有100亩*育种基地，200亩花卉生产基地。14年承接了青岛世园会景观工程二标段时令花卉布置。

作品名称：花溪

"水得地而流，地得溪而柔"。水，景观设计中最富魅力的元素，在植物与石之间，呈现出轻柔灵动的意境之美。

设计方案

展示效果

---

*1亩≈667m²。以下同。

展示效果

旱溪利用卵石和植物营造出自然生态的"溪流";以砂砾拟水,虽无水却胜有水。旱溪花园以节水、低维护,更贴近自然的方式去营造园艺景观,加深其在人们内心深处的影响,为游客送上一道景观大餐。

参展单位:上海上房园艺有限公司

上房园艺有限公司以规模化生产园林植物新优品种而著称,是一家种质资源丰富、技术力量雄厚的综合性花卉企业,由园林植物研究所、展示销售中心、欣优花木合作社、燎原苗圃、装饰园艺、园艺资材等板块组成。公司拥有150亩引种驯化基地,600亩苗木生产基地。业务范围涵盖园林植物生产和应用多个方面,对立体花坛、水景景观、轻质屋顶花园营造、岩石园、芳香保健园等方面进行研究,并实施了一系列项目。

作品名称:石"生"花垣

设计为沙地旱生和高地岩石景观元素结合的单面观赏花境,整体平面布局自然、流畅,以一条龙型墙垣式贯穿东西,将花境在南北方向分为自然式沙生景观和几何式花格地景,矮墙采用毛面雕琢的石片自然拼接,石缝中种植多年生低矮花卉和灌木,模拟自然高山花卉的墙垣景观。几何花格汲取欧式园林要素,以一条拱形的石块铺装园路,链接花格、矮墙和沙地,满足游客可观、可触、可感的游赏体验。

设计方案

展示效果

参展单位：唐山植物园

唐山植物园是集观赏、科普、生态、经济、文化、科研六大功能为一体的植物园，引种露地植物3000余种，温室植物1000余种，植物分类按照克朗奎斯特分类系统组成游览路线，设置了玉兰园、松柏园、牡丹园、碧桃园、海棠园等22个园区。

作品名称：浪漫河谷

设计灵感来自2016年度流行色——宁静粉蓝和玫瑰石英粉红。设计地块由灵动的旱溪连接水系，再加上静谧蓝和粉晶的植物营造出一种浪漫河谷的感觉。两种颜色冷暖对比，互相融合，能让人在忙碌的生活里找到一丝属于春夏季应有的快乐。设计主要采用接近这两种颜色的植物进行搭配，以自然的形式对时尚进行诠释，如维多利亚鼠尾草、蓝色针叶福禄考、直立天竺葵、非洲凤仙等，适当加入一些近似色和对比色丰富视觉。

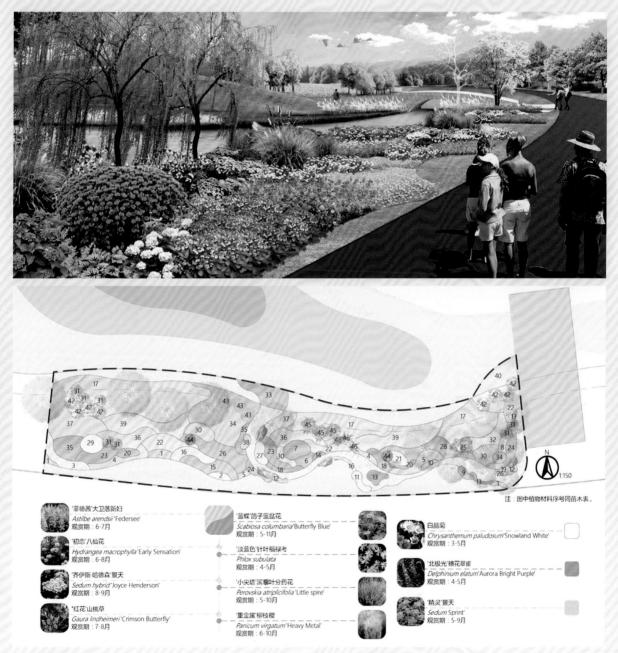

注：图中植物材料序号同苗木表。

'菲德茜'大卫落新妇
Astilbe arendsii 'Federsee'
观赏期：6-7月

'初恋'八仙花
Hydrangea macrophylla 'Early Sensation'
观赏期：6-8月

'乔伊斯·哈德森'景天
Sedum hybrid 'Joyce Henderson'
观赏期：8-9月

'红花'山桃草
Gaura lindheimeri 'Crimson Butterfly'
观赏期：7-8月

'蓝蝶'鸽子蓝盆花
Scabiosa columbaria 'Butterfly Blue'
观赏期：5-11月

'淡蓝色'针叶福禄考
Phlox subulata
观赏期：4-5月

'小尖塔'滨藜叶分药花
Perovskia atriplicifolia 'Little spire'
观赏期：5-10月

'重金属'柳枝稷
Panicum virgatum 'Heavy Metal'
观赏期：6-10月

白晶菊
Chrysanthemum paludosum 'Snowland White'
观赏期：3-5月

'北极光'穗花翠雀
Delphinium elatum 'Aurora Bright Purple'
观赏期：4-5月

'精灵'景天
Sedum Sprint'
观赏期：5-9月

设计方案

展示效果

参展单位：上海植物园

　　上海植物园占地81.86公顷，是一个以植物引种驯化和展示园艺研究及科普教育为主的综合性植物园，园区拥有牡丹园、杜鹃园、蔷薇园、盆景园、展览温室、兰室等15个专业园，共收集3500种，6000多个品种植物。

作品名称：自然的呼唤

　　本花境以宿根花卉、一二年生草花和花灌木的自然配置为主，通过砾石、溪流和波浪形白色矮墙的错落布置，使花境富有空间层次感。旱溪周围的花境植物配置，从繁密到稀疏，品种从丰富到单一，洁白的波浪形矮墙寓意着大自然渴望的涓涓清流，贯穿于自然花境之中，与干涸的河床形成鲜明对比，表达了对大自然美好环境的渴望，希望人们能够引起警觉，进一步注重生态保护，实现人与自然的和谐发展的美好愿景。

设计方案

展示效果

参展单位：北京市植物园

北京市植物园建于1956年，是以丰富的植物资源、优美的园林景观为基础，开展植物展示、保护、科普及研究，以提高公众对植物认知和环境意识的专业机构，全区面积400公顷，收集展示各类植物10000余种,150万余株。

作品名称：枯·荣

"一岁一枯荣"是我国诗人白居易描述野草的诗句，用它来形容北方地区的花境也恰如其分。本方案以枯荣为主题，用枯木和繁华相配置，打造富有禅意的岩石花境，并借此寓意唐山灾后重建、欣欣向荣的景象。在植物材料的选择上，重点使用节水耐旱植物，营造节约型园林景观。方案筛选多种二次开花的花卉，通过修剪能够实现两次盛花期，保证景观的可持续性。

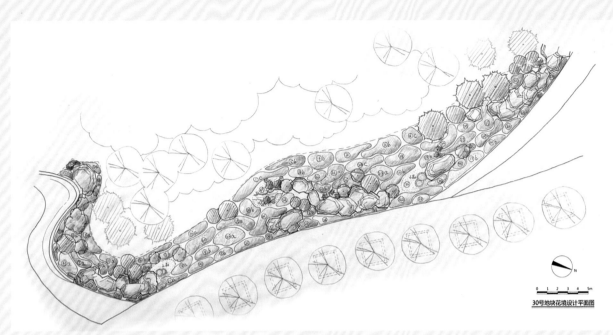

设计方案

展示效果

参展单位：上海辰山植物园

上海辰山植物园位于上海市松江区，占地面积207公顷，是一座集科研、科普和观赏游览于一体的AAAA级综合性植物园，以"精研植物 爱传大众"为使命，是植物学及相关学科研究和科普教育的基地。

作品名称：辰山印象

此次花境设计以辰山印象为主题，选取了上海辰山植物园代表性的景点作为主要元素进行提炼，其中有矿坑花园中富有后工业气息的山石、锈钢、北美植物区自然的旱溪花境以及儿童植物园旁活泼童趣的花海。三种元素皆以植物串联，过渡自然而不乏层次感。植物上，多选用观赏草及富有野趣的花卉，并为了延长整个花期的观赏时间，搭配了早春较为出彩的一二年生花卉，两者互相穿插、混合，达到整个观赏期内花开不断，此起彼伏的效果。

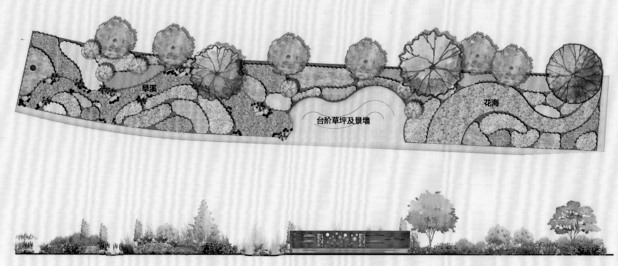

设计方案

展示效果

参展单位：云南世博园艺有限公司

公司成立1997年，是云南旅游股份有限公司全资子公司，公司是集园林规划设计、施工、园林绿化养护管理、花卉苗木生产及销售、进出口贸易、园林园艺资讯、培训于一体的专业化公司。

作品名称：等风

用不规则篱笆把整个地块分为四部分，保证每个角度都能欣赏到花境的同时，把花境从多面观赏变成单面观赏。因为所选择的大部分植物形态比较飘逸自然，风来时景观效果更好，因此主题设为等风。

种植总平面图

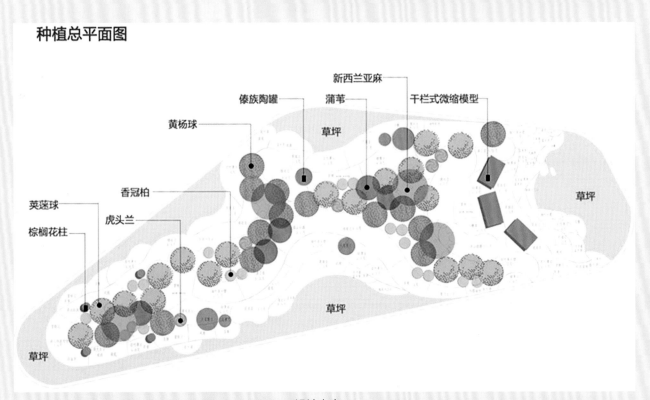

设计方案

展示效果

参展单位：浙江人文园林有限公司

公司成立于1994年，是国家核准的高新科技企业。拥有科研开发、规划设计、工程营造、生态修复、园林养护、花木产销、文化传播七大业务板块。有城市园林绿化一级、城市立体绿化二级资质等。聘请了中国风景园林学会终身成就奖获得者施奠东先生担任高级顾问。获得国际级奖项3次，国家级奖项8次，省市级奖项近百次。

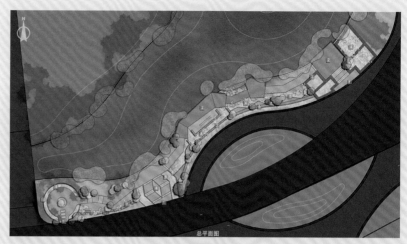

展示效果

作品名称：墙根儿故事

贯穿"墙""故事""花"的主题元素，结合地形，设计碎石路、木片墙、不锈钢片、木堆等多种景观元素，利用不同元素的特征，创造出每个区域不同的风景。西侧主入口，由大小不一的特色木片组合而成圆形景墙，特色木片可根据现场情况进行多变组合，结合色彩丰富的花境，给游人宾至如归的感受。走在碎石路上，有野趣十足的页岩景墙，有图案多变的原木堆景墙，也有简洁硬朗的不锈钢片所构成的菱形台地式花园，也有锈迹斑斑却造型多变的耐候钢等，路边上风景处处不一。

展示效果

展示效果

参展单位：华艺生态园林股份有限公司

公司成立于1997年，具有国家城市园林绿化施工一级资质，是安徽省综合实力最强、全国50强园林施工企业及中国城市园林绿化综合竞争力百强企业、全国十大徽商最具成长力品牌企业，同时是国家级高新技术企业和中国园林行业新三板挂牌企业第一股。

作品名称：一滴水的旅行

以"一滴水的旅行"为主题，通过植物、滤科的综合作用使得雨水得到净化。圆形与曲线以及水细胞肌理构成了整体图案的延伸。地面树林向上生长，从平台透出，带来风和光的交替，呈现最自然的循环。雨滴状绿阶使得平台空间更加灵动和活泼，降温的同时，更适合人们在此停留。如水韵般的汀步散落在绿色植物中，以感官功能为主，仍延续整体构成肌理。

设计方案

展示效果

评审颁奖

竞赛评审

此次花境竞赛设花境景观综合奖、花境景观创新奖、花材品种新优奖三类，奖项总数53个。另外，花境设计奖、大学生花境设计大赛前期已完成评审。参赛作品中评选出大奖7项、金奖14项、银奖9项。其中，花境景观综合奖大奖5项、金奖11项、银奖9项；花境设计奖大奖2项、金奖3项；评出花境景观创新奖10项、花材品种新优奖4项。

评审现场及评审总结会

颁奖典礼

　　浙江虹越花卉股份有限公司、唐山植物园、威海绿苑园林工程有限公司、北京植物园、重庆市南山植物园等5家单位获得此次竞赛花境景观综合奖大奖；北京山水心源景观设计院有限公司等10家单位获得花境景观创新奖；美国特拉诺娃公司、荷兰海姆斯凯克公司获得花材品种新优奖——自育新品种应用奖；北京市植物园、中国科学院植物研究所、获得花材品种新优奖——乡土植物资源利用奖；北京林业大学、南京林业大学、浙江农林大学等4个设计团队获得大学生花境设计金奖。

　　浙江大学夏宜平教授评价本次竞赛："首届国际花境景观竞赛云集国内外园林、苗木行业顶尖的企业、科研院校，打造的这条花境观赏带是唐山世园会最大亮点之一；我国花境行业正处于起步阶段，本次竞赛可以说对花境行业起到一个积极的推动作用，不仅要在将来世园会、花博会、园博会上继续组织此类展示或竞赛，而且要把花境这种应用形式在全国城市绿化建设中广泛推广，这也是建设绿色家园、生态城市的一个发展趋势。"

颁奖典礼现场

相关活动

大学生花境设计大赛

本次设计大赛为花境竞赛特别设立的独立赛事，目的是为了更好地达到相互交流的目的和给大学生提供学以致用的机会，以"绿色生态，绚烂世园"为主题，提倡传统与时尚相结合的创作理念，以花境景观营造、创意竞赛为载体，力求搭建一个花卉新品种展示、花卉配置应用形式示范以及花境设计艺术交流的平台，为世园会的成功举办锦上添花。竞赛由中国风景园林学会主办，邀请北京林业大学、浙江农林大学、南京林业大学、东北林业大学和华中农业大学5所高校的学生参赛，共收到107件入围作品。

竞赛场地为5个独立地块，位于世园会园区花境景观规划带中，分别为路缘花境、坡地花境、林下花境、岩石花境、滨水花境。要求设计作品要考虑花境景观延续性，确保4月底至10月底展会期间均有观赏效果，同时还能充分展示花境的季相变化。

经过专家评审及投票选举，两个大奖花落北京林业大学，分别为《苏生》和《杂花图卷·岩卉篇》；北京林业大学的《岩舞四季》《春花秋色，缤纷世园》与南京林业大学的《且听风吟》、浙江农林大学的《花间觅》4件作品斩获头奖。此外，还有20件作品获得银奖，16件作品获评铜奖。据悉，6个获奖设计经过后期修改后，将在2016唐山世园会"落地"。

专业论坛

国内首次花境景观竞赛成功举办，为业内搭建了一个开放的交流展示平台，展现了国内外花境造景水平。为了促进了专业技术的交流，更有力地推动行业发展，中国风景园林学会与唐山世园会执委会于2016年6月11日在唐山举办主题为"花·境"——可持续花境景观营造的专业论坛。诚邀中国风景园林学会理事单位、本次花境竞赛获奖单位、国内农林高校、科研院所、公园及植物园等12位行业专家为代表，围绕本届世园会花境景观竞赛，集中汇报了我国花境行业发展趋势、花境植物配置、花境设计、花境新优植物品种等方向的尖端研究成果。

2016唐山世园会"花·境"论坛开幕式

竞赛总结

　　本次国际花境景观竞赛是唐山世园会国际花卉竞赛的第三场，为我国首次举行花境类的国际范围竞赛项目。邀请美国、日本、意大利、澳大利亚、捷克、荷兰、英国等10个国家和国内植物园、科研院所、企业、高等院校、重点科研机构等单位参展，共收到44件作品。本次竞赛以宿根花卉为主，搭配灌木、一二年生花卉、观赏草等植物210余个品种，共计10万余株，全面展示了国际花境产业发展现状和趋势。

　　竞赛以"百花齐放，缤纷世园"为主题，设置了路缘花境、坡地花境、林下花境、滨水花境、岩石花境等五大类花境展示项目。本次竞赛由中国风景园林学会承办，共从各参赛作品中评选出大奖7项、金奖14项、银奖9项。其中，花境景观综合奖大奖5项、金奖11项、银奖9项；花境设计奖大奖2项、金奖3项；评出花境景观创新奖10项、花材品种新优奖4项。唐山植物园参展作品"浪漫河谷"评审总分第二名，获得大奖以及创新奖。全国大学生花境竞赛邀请全国农林高等院校5所，其中：北京林业大学，浙江农林大学，南京林业大学6个团队从100个花境设计作品中脱颖而出，获得作品委托承办单位落地实施的机会。

　　此次竞赛及展示在龙山路（西起丹凤朝阳广场，东至国内园），面积达10500平方米，世园会会期内全程对公众开放，6月10日至8月10日展出效果最佳，为期71天，为广大游客打造师法自然、百花齐放的视觉盛宴，会期后保留，成为园区永久性景观。

航拍下的美丽花境带

北京世园会事务管理局领导一行参观竞赛作品

第五章

第四届"中国杯"插花花艺大赛

中国杯

　　中国杯插花花艺大赛，是2016唐山世园会国际花卉竞赛的第四场，由中国花卉协会江泽慧会长倡导，以弘扬和传承中国插花技艺，促进世界花艺交流，普及花艺知识，提升花艺水平为宗旨，按照国际花艺比赛体系和规则举办的级别最高的全国性插花花艺赛事。每届选拔出优秀选手代表中国参加亚洲杯等国际花艺比赛。

竞赛主题：凤凰涅槃

竞赛地点：世园会综合展示中心B区一层

竞赛时间：2016年7月5日至7月10日

参展办法：

　　在2016唐山世园会国际竞赛组委会的领导下，由中国花卉协会零售业分会协助2016唐山世园会执委办园林园艺部统筹竞赛事宜，组织全国插花协会、花卉协会及其分会会员，共计56人参赛，并进行赛事整体规划、组织招展、施工及评审工作。此次大赛初赛于综合展示中心B区一层举办，复赛及决赛于新华联铂尔曼大酒店举办，复赛、决赛作品赛后置于国际竞赛馆展示，面积达3000平方米。

竞赛内容

◆ 比赛　　　　　　　◆ 展示

◆ 相关活动

1. 比赛分初赛、复赛和决赛 3 个阶段。通过初赛选出选手进入复赛，名额根据参赛人数确定；复赛获得前 10 名的进入决赛；决赛决出冠、亚、季军到第 10 名名次。初赛为非公开比赛，在规定展位内进行比赛，比赛结束后公开展示。复赛和决赛为公开比赛，比赛结束后比赛作品集中在指定展区展示。

2. 展示。设比赛初赛作品、复赛作品和决赛作品 3 个展示区进行展示。

3. 相关活动。花艺表演，邀请国内外花艺大师进行花艺表演；交流点评，邀请花艺大师与参赛选手交流，并对比赛作品进行点评。

参展要求

参赛选手需同时具备以下 3 个条件：

1. 中国花卉协会零售业分会、各省（自治区、直辖市）花卉协会个人会员或会员单位从业人员。

2. 从事插花花艺工作 5 年以上。

3. 年龄不超过 55 岁。近几年在本省（自治区、直辖市）及以上级别花艺竞赛或评比中获奖的具有优先参赛资格。

4. 每个会员单位限报参赛选手 1 人。每位选手配助手 1 人，助手由参赛选手指定。

评比规则

◆ 初赛

分配每位选手一个宽 3 米 × 深 3 米 × 高 2.4 米，三面白色、灰色或黑色展板包围（选手可选），一面开放的比赛展位。

第一项　选手自选作品

主题：春风吹又生

时间：2016 年 7 月 4 日 9：00~11：00，120 分钟

作品尺寸：宽 1.2 米 × 深 1.2 米 × 高 2.2 米以内

说明：

1. 设计部分高度，自原始地面水平高度测量。

2. 不得在已完成的作品上使用电动工具和电池驱动的工具。

3. 作品摆放位置选手自定，不能与第二项比赛设计作品互相接触。

4. 清理工作统一由选手及正式助手在规定时间内完成，移除第一项比赛多余的花材和材料，移入第二项比赛所需的花材和道具。

5. 选手需在规定时间内完成创作。

第二项　餐桌花艺

主题：二人茶缘

时间：2016 年 7 月 4 日 13：00~14：30，90 分钟

作品尺寸：宽 1.6 米 × 深 1 米 × 高 2.2 米以内

说明：

1. 餐桌由选手自备。餐桌尺寸不限制，但作品尺寸需符合作品尺寸限制要求；可以根据需要选择使用多个椅子，但不会被计入评分的考虑因素内。

2. 设计部分高度，自原始地面水平高度测量。

3. 选手须自行准备所有餐桌花艺设计所需材料，如桌布或其他装饰物，所有装饰物和配件都必须符合上述尺寸限制。

4. 作品摆放位置选手自定，不得与第一项比赛设计作品互相接触，并留出评委通道。

5. 清理工作统一由选手及正式助手在规定时间内完成，移除第二项比赛多余的花材和材料，移入第三项比赛所需的花材和道具。

6. 选手需在规定时间内完成创作。

7. 严禁触碰第一项比赛作品。

第三项　东方式花艺 —— 缸花

主题：风骨

时间：2016 年 7 月 4 日 15：00~16：00，60 分钟

作品尺寸：缸口直径 40 厘米以内，作品高度、宽度不限，需与器皿协调

说明：

1. 选手需自行准备所有缸花花艺设计所需材料。

2. 固定工具不限定。

3. 插花起点在缸口以上。

4. 作品摆放位置选手自定，不得与第一、二项比赛设计作品互相接触。

5. 清理工作统一由选手及正式助手在规定时间内完成，移除第三项比赛多余的花材和材料。

6. 选手需在规定时间内完成创作。

7. 严禁触碰第一、二项比赛作品。

◆ 复赛（舞台公开赛）

（一）神秘箱 —— 手绑花束

主题：比赛开始时宣布

时间：2016 年 7 月 5 日 13：30~14：15，45 分钟

作品尺寸：无，但不能干扰到其他选手

说明：

1. 比赛主题、花器、花材、比赛用材料和相关配件，于比赛前在舞台上公布。

2. 作品必须绑紧并插入提供的花瓶内，必须可以手捧。

3. 选手只可以使用主办方提供的花、叶和相关材料，不允许使用自备的园艺和非园艺材料；不必全部使用提供的花材。

4. 比赛结束后，作品和花瓶统一由正式助手搬移到指定地点供评委打分，选手不得再碰触该作品。

5. 清理工作需在比赛时间内完成。

6. 本项比赛为舞台公开赛，观众在现场进行观看，设计作品将会在比赛结束后向公众展示。

7. 允许使用的工具：剪刀、刻刀、钳子（对角线切割器、针头钳等）、手巾。

（二）神秘箱

主题：第四届中国杯插花花艺大赛比赛开始时宣布

时间：2016 年 7 月 5 日 14：35~15：30，55 分钟

作品尺寸：无，但不能影响到其他选手

说明：

1. 比赛主题、花材、比赛用材料和相关配件，于比赛前在舞台上公布。

2. 选手只可以使用主办方提供的花、叶和相关材料，不允许使用自备的园艺和非园艺材料；不必全部使用提供的花材。

3. 作品和器皿统一由正式助手搬移到指定地点供评委打分，选手不得再碰触该作品。

4. 清理工作需在比赛时间内完成。

5. 本项比赛为舞台公开赛，观众在现场进行观看，设计作品将会在比赛结束后的几天内向公众展示。

6. 允许使用的工具：剪刀、刻刀、钳子（对角线切割器、针头钳等）、手巾。

◆ 决赛 —— 人体花艺（舞台公开赛）

主题：凤舞唐山

时间：2016 年 7 月 6 日

封闭阶段：9：00~12：00

舞台公开阶段：13：30~14：20，50 分钟

作品尺寸：尺寸不限，适合模特佩戴和行走

说明：

1. 比赛分为两个阶段，即封闭阶段和舞台公开阶段。

2. 比赛所需所有花材由选手自备，花材为鲜花花材。由选手和其助手带入比赛场地。

3. 不得使用电动和电池驱动的工具。

4. 清理工作需在比赛时间内完成。

5. 封闭阶段，选手正式助手可以帮助选手工作；舞台公开赛，只有参赛选手可以在舞台上对真人模特身上的设计部分进行装饰、粘贴、修改。

6. 比赛结束前，统一由选手助手上台协助清理，移除剩余花材、废料，但不能影响到其他选手。

比赛规则

1. 各比赛项目开始前，所有天然、新鲜、干燥的材料（包含树枝、水草/苔藓植物或任何其他园艺材料）不得事先插入海绵（花泥）、水中或任何盛水的容器（例如：玻璃试管）。

2. 比赛开始前不能用不同材料做花串、群组或捆状的组合。比赛前可先组装容器和架构，海绵（花泥）可先放入花器，水、土壤、沙及石头可放入设计作品中，容器及配件也可先放入展示区中。在任何项目中不得使用人造花、人造叶。

3. 所有初赛作品和决赛作品的人体花艺，架构和容器可于准备时间之前及准备时间内先用园艺性或非园艺性素材制作，所使用素材需符合展期时间内的保水性要求。

4. 比赛开始前，指定助手可帮助选手准备所有材料及组装架构等。其他协助人员不得进入选手展位区及进行任何准备工作。比赛开始后，仅能由选手本人完成比赛作品。

5. 比赛道具、材料和工具由选手自备。初赛选手自备的刀剪、锥子、线、胶条等插花工具，须于比赛前放在操作台上。

6. 所有比赛材料须于比赛开始前就位。

7. 展位的插座不得用来增加额外电力及照明。

8. 每项比赛结束前10分钟、5分钟、1分钟将会发出时间提醒。比赛时间到后，选手和助手不得触摸作品，违规者按规定扣除相应分数。

9. 各项比赛开始后助手退出赛场，作品由选手独自完成。

10. 所用花材须为鲜切花、叶。

11. 主办方统一制作作品说明牌，选手须为每件作品提供作品名称、创意及所用花材和种类。介绍文字不超过100字。

12. 所有比赛项目应保持操作台、比赛场地及地面干净。

13. 复赛、决赛时，选手可面对作品观赏面进行制作。

14. 比赛时选手如有问题可找监委商议。

15. 比赛结束后作品在比赛展位内公开展示，展示时间为7月5日～9日，展示期内应对作品花材进行保水和更换，不得将作品的任何部分撤离。7月9日17:00统一撤展。

评分标准

第四届中国杯插花花艺大赛赛制参照世界杯、亚洲杯花艺大赛规则制定。

一、计分和入围方法

比赛分初赛、复赛和决赛，所有参赛选手参加初赛三个项目比赛；入围复赛选手参加复赛两个项目的比赛；入围决赛选手参加决赛—人体花艺项目的比赛。

1. 初赛。评委对选手初赛三项作品分别打分，每项作品去掉一个最高得分和一个最低得分，其余得分相加为选手本项目得分；初赛三项作品得分相加为初赛成绩。初赛成绩由高至低对选手进行排名，排名前二十位进入复赛。

2. 复赛。评委对选手复赛两项作品分别打分，每项作品去掉一个最高得分和一个最低得分，其余得分相加为选手本项目得分；复赛两项作品得分相加为复赛成绩。复赛成绩由高至低对选手进行排名，排名前十位进入决赛。

3. 决赛。评委对选手决赛作品打分，每项作品去掉一个最高得分和一个最低得分，其余得分相加为选手决赛作品得分。

4. 总成绩。决赛得分和复赛得分相加为总成绩，根据总成绩由高至低依次排序确定选手名次。

二、评分标准

所有参赛作品分数，由四类关键评分标准组成，每

评分标准细分

关键标准	特点鲜明、主题表现充分适用		设计感强、外形优美、比例平衡	色彩鲜明、鉴赏性强	技艺、技巧娴熟
三要素	独创性	掌握比例关系、作品匀称协调、稳定	和谐	整洁、体现力学的美、含蓄
	注重个性表现，具备视觉冲击力	视觉效果与实际应用协调	具备视觉感染力	花卉与材料的使用配置技巧
	完美诠释主题	花材的整合与协调	平衡与配置	完成情况保证作品保水性
总分	满分25	满分25	满分25	满分25

个关键评分标准细分为3个要素，每一个关键评分标准满分25分，满分为100分，四项总和即为选手得分。

奖项设置

比赛设冠、亚、季军各1名，第一至第三名颁发冠、亚、季军奖杯、证书和奖金；获决赛第4~10名的选手颁发优胜选手证书；进入复赛但未进入决赛选手颁发优秀选手证书；其他参赛选手颁发参赛证书。

评审办法

成立竞赛监督委员会。由中国花卉协会零售业分会副秘书长海波、上海市插花花艺协会副会长梁胜芳、浙江省风景园林学会插花艺术研究会副会长秦雷、中国花卉协会零售业分会副秘书长刘冬梅、济南插花花艺协会会长袁乃夫组成监督委员会，职责是监督赛事的评审工作，确保比赛过程中公平、公正、公开，各项相关工作顺利进行。

成立竞赛评审委员会。国际花卉竞赛组织委员会邀请邀请江苏省插花专业委员会副会长刘飞鸣、中国台湾花艺协会林惠理、中国国家级插花花艺资深大师蔡仲娟、澳门花卉业商会会长周佩华、世界花卉协会广东花卉文化学会会长苏丽思组成专项竞赛评审组。

初赛作品

参赛作品01

参赛选手：叶伟鹏

作品1：吹雪 枯木 逢春

黑白色的造型架构。白化枯木与缤纷地花朵形成视觉上强烈对比和张力。所有视觉冲击点来自于无彩色与有彩色之间的对话。

作品2：相逢即是有缘

缘和圆是人与人相处的最高境界。黑豆做成的圆球向征着两人无数次的茶叙。花与茶的现代结合，体现出花道和茶道相融的极致表现。

作品3：述沐

一花一叶，一草一木。乃大自然之恩赐，感受生命无常变化，瞬息万千，展现花道之美。

参赛作品02

参赛选手：赖雪松

作品1：生生不息

《周易·系辞上》："生生之谓易。"宋·周颐《太极图说》："二气之交感，化生万物，万物生生而变化无穷焉。用木炭和花组合更有从新开始的气象。"

作品2：不言之缘

水与火的交融才能有茶的甘甜，每个人喝茶都会有不同的味道。两个人的缘也是如此不可言语。木炭被沿用，并用蓝色花材代表火焰，含蓄热烈。与代表水的蓝白色花相融在一起。

作品3：荣

五月为榴月，刚出榴月，石榴花依然开得繁盛，果实累累一片繁荣，生机勃勃。

参赛作品03

参赛选手：杨凤伟

作品1：春风吹又生

通过五行的生、克、制的关系与"和谐""平衡""对立"的关系处理每一枝花草。利用对比色的强烈反差来体现相克，给人以强烈的视觉冲击感。作品中每一种材料的存在体现相互依存、依靠的关系。

作品2：二人茶缘

利用山水画的情景交融、虚实相生，韵味与诗意的特点来体现作品的意境、格调与气韵。

作品3：风骨

利用枯木的苍劲体现作品的"气"。

参赛作品04

参赛选手：王辰

作品1：春风吹又生

作品通过冬、春两季的植物生长状态的表达，体现"春风吹又生"，用整体的结构框架表达天圆地方的世界还有自然界生命的轮回。

作品2：二人茶缘

作品整体是依照"对比与调和"的设计原则，将大面积的花卉融于自然的湖光山色当中。让人置身于景色之中，静心凝神，享受自然的恩赐。

作品3：风骨

利用植物的枝干、花朵、叶片、果实等部分，充分利用植物本身的表情与姿态组合构成作品整体，将植物的精气神赋予作品当中，表达东方文人的情怀。

参赛作品05

参赛选手：陈杰

作品1：蜕变

原始的蓬勃生命力，历经淬火却不屈服；任岁月留下斑驳痕迹，穿透时光的尘埃！

作品2：浮沉

人世间匆匆一瞬，某个片刻心滤尽浮尘，对坐相知、高山流水、天涯知己！

作品3：佛陀

万古长空永存，风月每日不同，浑忘世间一切烦恼，风声、雨声、一世的相思，涅槃、顿悟，一世的禅锋！

参赛作品06

参赛选手：张建平

作品1：春风吹又生

森林中一棵朽木，春风中重新萌发新的生命。

作品2：二人茶缘

男人顶天立地（枯木），女人娇艳欲滴（花朵），刚柔相济中，融合成一个宁静完美的二人世界。

作品3：风骨

帝王花、松枝、桂花枝等，跌宕起伏的枝条，每一个曲折都在向人们展示一段挫折中顽强抗争百折不挠的经历，帝王花的高贵大气就是枝条霸气的灵魂。

参赛作品07

参赛选手：王圣杨

作品1：春

春天是一个鸟语花香、桃红柳绿、阳光明媚、充满希望的季节。春风、春雨、春草撩动游人的发梢，与人们嬉戏。哦，你看见春天了吗？它就是那柳丝上的嫩芽，就是那草丛中的小野花。

作品2：茶缘

茶缘，品味的是一种心境，感觉身心被净化，滤去浮躁，沉淀下的是深思。也是春天记忆的收藏，每分每秒都可以感受到春日那慵懒的阳光。

作品3：风骨

风骨不是柔软的垂柳，而是陡峭的山崖，笔直的青松；风骨不会存在于清澈平静的小溪和温暖舒适的巢穴里，而是蕴藏在宽广咆哮的大海及仰天搏击的苍穹里；他是遇上风浪而不退却的水手，他是四面临箭而不颤抖的勇士！

参赛作品08

参赛选手：朱继业

作品1：春风吹又生

架构设计如同一棵威严的老树，昂首挺立。底部白棕相间的枝条交织错落，像极了老树的根，枝条淡淡的白，是冬日留下的一抹颜色，上面鸟巢里新的生命即将诞生，待到春风化雨时，万物复苏，一片生机盎然。

作品2：二人茶缘

架构设计如同两个人相拥，茶桌上鲜花盛放，因茶相遇，结缘。一种欲说还休的情调。茶香缭绕，苦涩甘

甜，清清浅浅跳跃舌尖，品味香浓人生。

作品3：风骨

作品设计选用鲜竹子、松、兰叶、菊花等花材组合而成。竹，化身君子，正直，宁折不弯；奋进，有竹节，却不止步。刚正的气概，顽强的风度气质，展现高风亮节的风骨。

参赛作品09

参赛选手：慈雪

作品1：重生

灾难不代表毁灭，希望却代表重生，经过灾难的洗礼，更加懂得生命的意义。生命在何处苏醒，何处便有花开；心灵在何处自由，何处便有清香。

作品2：爱

身无彩凤双飞翼，心有灵犀一点通，人生如花，而爱，便是花的蜜。让我们用音乐和鲜花谱写美好生活新篇章！

作品3：风骨

幸福其实很简单，虽然平凡却有着一缕清幽而淡远的醇香；又像一抹阳光，虽然稀少，却有着五彩缤纷的美丽。一切的努力只为今天的圆满，明日的辉煌。

参赛作品10

参赛选手：王辰

作品1：生生不息

以"野火烧不尽，春风吹又生"为基础构思，白色宣纸寓意中华传统文化具有旺盛的生命力，经过岁月的洗礼而愈加绚丽多彩。

作品2：净友茶园

抽象的荷叶元素，干净，圣洁。象征君子之交清雅合正。水面，桌面与荷叶巧妙融合，画面以现代的手法体现古韵悠长的意境。

作品3：泱泱之风

蜿蜒虬曲的松枝和大面积的色块，体现雄浑壮丽之姿。寓意泱泱华夏高尚坚贞的风骨节操。

参赛作品11

参赛选手：段鹏飞

作品1：重生的欢乐

精彩的人生，往往是逼出来的。逼自己一把，才能使自己获得重生，让生命之树开出更加绚烂的花朵。

作品2：博弈

"棋逢对手，咫尺千里。方寸之间，楚河汉界。"已入古稀的二位老人，正是这一张桌子，成就了多年来的"茶缘"。

作品3：劲

自下而上的力度，风雨中不折服，造就了"风骨"一样的精神。

参赛作品12

参赛选手：张利民

作品1：蒙草生

经过寒冬和野火肆虐的内蒙古草原，又呈现出一派生机盎然的景象！一丛幽草在石缝中茁壮地生长着，顽强地向这个世界诠释着它的生命力！

作品2：奶茶飘香

草原的奶茶啊，香飘万里；远方的客人啊，再饮一杯；神圣的家园啊，魂牵梦绕；洁白的哈达啊，献给了你！

作品3《胡杨三生》：

生，千年不死；死，千年不倒；倒，千年不腐。天荒弱木根须绝，地老孤枝叶脉昂。屹立千年争不朽，傲人风骨传佳话。

参赛作品13

参赛选手：关欣宇

作品1：春风吹又生

用含有苏鲁锭的蒙古元素两组架构表现出春风习习吹拂着旗帜在飘扬（苏鲁锭是蒙古语，意思是矛），白色、蓝色、绿色和干枝的结合演绎出一场生生不息的轮回，作品总体表现出了内蒙古大草原上春风吹醒了新绿……

作品2《二人茶缘》：

作品用蒙古族"坐"字做餐桌的主体结构，包裹白色羔羊皮（人造材质），搭配蒙古族特有的奶茶碗，马镫等蒙古族配饰，整个作品以白、蓝、绿为主色调。

作品3《风骨》：

本作品为中国式缸花，用苍劲有力的虬枝，寓意秉性相近的花材表现一种刚正的气概，顽强的风度、气质。

参赛作品14

参赛选手：崔天宇

作品1：蝴蝶春意

用蝴蝶兰、大花蕙兰做主花，来表现春天万物生机……

作品2：二人茶缘

主花白掌，春意盎然，二人一同欣赏春天美景……

作品3：风骨

用干枝来表现春天的风度与气质……

参赛作品15

参赛选手：李健男

作品1：绽放

满月盈怀，孕育生命的那一片土壤忽然间好像萌生出了无数密密的思念。如同春播的土地在一夜春雨过后，在阳光下招展成了蔚为壮观的盎然绿意。

作品2：安逸的花卉

见月连宵坐，闻风尽日眠。室香罗药气，笼暖焙茶烟。

作品3：根

根是富有生命的，他埋藏在地下，却以不屈的动力，顽强的精神向下伸展，长满皱纹的皮肤，是他最忠实的战衣，一道道伤痕，是他成功的启程，他成就的是奇迹。

参赛作品16

参赛选手：滕陵伶

作品1：春风吹又生

新中式风格架构和枯枝枯木新旧结合，内陈外新，前后更替呼应，以此体现春风吹又生，一岁一枯荣的交替意境。枯木树干焕发新枝新叶；花朵在窗棂上肆意地盛开，正如我们这座重生后的城市如现在般焕发新生、枝繁叶茂、朝气蓬勃。

作品2：二人茶缘

作品架构设计用羊毛进行手工加工制作，用今年最流行的粉晶和静溢蓝两种色彩表达两人相聚时的喜悦和甜蜜。作品结合新中式风格和西式手法的设计。以花朵之名进行一场欢快的茶园小聚。

作品3：风骨

松柏常青破苍穹，留得岁寒风骨俏；凤城新生舞新篇，意如华夏俱欢颜。

参赛作品17

参赛选手：姜智玲

作品1：凤翔春至

已铺设赭红的火山土和灼烧黑的山石仿佛在诉说着这片土地上经历的苦难，此刻的凤凰已穿越过代表重生道路上层层的艰险和枷锁，带着缤纷的春色重翔人间。

作品2：有幸席中相叙旧

一壶清茶，劫后余生的两位老友，把盏叙旧情。作品以涅槃重生的凤凰造型作为餐桌花的架构，赭红的火山土和灼烧的山石代表曾经的劫难，如今美丽的新城已经花繁叶茂！

作品3：烙印

此刻春回大地，百花盛开张扬着不死的遒劲，诠释着什么叫执著。这是历史与现实的对比，这是生命永恒的写照！

参赛作品18

参赛选手：刘成林

作品1：春之仲

随着深度改革与建设、随着内外文化深度交流和发展，万里疆河，一派和谐盛景、生机盎然、百花齐放，展现了人民生活更加美好，更加富有生命力和活力的场景！

作品2：相约

村口那棵苍劲的大树，伴随着我们一起茁壮成长，光阴似箭，那水、那地、那花，还是那么生机勃勃，与你相约在这个充满生命力的大自然里。

作品3：胡杨三生

渊源的中华古老文化：融入我的每个细胞里，烙在我的生命里！

脉昂。屹立千年争不朽，傲人风骨传佳话。

参赛作品19

参赛选手：周维珍

作品1：春风吹又生

枝叶间冰雪未融，掩不住枯朽老干中孕育的勃勃生机！

作品2：二人茶缘

在水一方，有你有我，这是你我的品茶时光。

作品3：风骨

运用枝条老干点明主题。

参赛作品20

参赛选手：曾洪飞

作品1：春风吹又生

面对灾难，我们不怕，只要有一点春风吹过，我们便会展现出勃勃生机，重新崛起。

作品2：二人茶缘

君子之交淡如水，一杯清茶便足矣。

作品3：风骨

我们当不惧风霜雨雪，不怕艰难险阻。哪怕付出生命，也要保持君子之风骨。

参赛作品21

参赛选手：龚湧

作品1：春风吹又生

方形的铁艺构架像是密集的城市楼盘、生活的压力、空气的污染，我们又该如何找回属于我们的那份春暖花开呢？

作品2：二人茶缘

那片竹林，那片999朵玫瑰盛开的地方。那些曾经走过的，曾经留下的，都是一幅幅永恒的美好。

作品3：风骨

遒劲疏朗的枝条，舒展、挺秀，清香的花儿在悄悄地绽放。刚正的气概、顽强的风度扑面而来。

参赛作品22

参赛选手：张洪良

作品1：春风吹又生

冬去春来，大地温暖了起来。小草慵懒地伸了伸头，性急的花儿也开了起来，沐浴着大自然的阳光雨露，大地盎然起来了。

作品2：二人茶缘

悠悠廊庭，花前月下。心爱的人在互诉衷肠，恩恩爱爱，品茶赏月。

作品3：风骨

五千年文明大国，又步入一个飞黄腾达的腾飞时代。凭着中国人刚正坚毅的傲人风骨，努力建设自己的家园，即将成为这个星球的泱泱大国。作品作者借代表繁荣的牡丹，代表勇敢坚强的鹤望兰，表现出国人努力所得的繁荣昌盛。

参赛作品23

参赛选手：陈宏

作品1：春风吹又生

用枯木做架构，通过自然手法，遵循自然规律，枯木逢春，大地显露着无限生机！自然规律，由死到生，往复循环，生生不息！

作品2：二人茶缘

二十二周年的花艺生涯！用心、用情专一只为你。通过自然手法，只为和心爱的她每天能在花的海洋里享受这浪漫的生活！

作品3：风骨

作品运用了松，饱含风霜而生机勃勃，竹的坚强，气节傲骨，蝎尾蕉的雄伟挺拔！通过文人插花形式来表现人们对生活的一种鲜明、生动、凝练、雄健有力手法，用来表现它们的风骨和文化内涵。

参赛作品24

参赛选手：李昌贤

作品1：历练

枯木配以松枝、鲜花连接过去、现在、未来，枯木代表过往所经历的沧桑，但只要努力，适逢甘露，总有生机蓬勃的景象，凤凰涅槃、不经沧桑，哪得英雄本色。

作品2：来生缘

古朴的朽木壁挂、天然的茶桌、奇特的枯木空间造型、苍劲的枝条、芬芳的花草、恬静优雅的自然环境。

作品3：傲立雄风

苍劲的枯枝、富贵的牡丹、常青的松柏象征国富民强和砥砺风霜的本色。

参赛作品25

参赛选手：夏红梅

作品1：春风吹又生

一花一世界，一木一轮回，一枝一片春，春风抚绿叶，百花竞芳颜。

作品2：二人茶缘

夜幕灯垂，午夜星桥，听芳香私语，品绿色情缘。

作品3：风骨

炎黄子孙，高风劲节，铮铮傲骨，不畏艰辛，奋发图强。

参赛作品26

参赛选手：韩海

作品1：春风吹又生

经历了火的历练，才能更加华丽地绽放；经过了火的洗礼，才有更加精彩的人生。用花来体现生命的顽强和美丽。

作品2：二人茶缘

用中药制作成茶桌的背景，表现中国茶道的禅意。枯枝与鲜花做对比，体现生命的历程，也是表达茶道"天人合一"的精神。

作品3：风骨

利用南天竹的挺拔和枫的秀美来表现文人的刚正气概，松柏更能突出"风骨"正直坚强的含义。

参赛作品27

参赛选手：周方晨

作品1：春风吹又生

生命坚韧如竹，野火烧不尽，春风吹又生.一场春雨唤醒了大地，顽强的生命从石缝枯叶中傲然而生，生命美好如花却又生生不息。

作品2：二人茶缘

茶如隐逸，茶当静品，遇上对的人和一杯好茶，那是一种茶缘，一轮圆月，一壶香茗，在品饮中守候相识的缘分。

作品3：风骨

崖柏精神在其顽强与风骨，在寸草不生的石崖上，依然不言弃不放弃，顽强的生长，岁月悠悠，当一副奇异筋骨长成，伴随的是，山涧的几只野鹤与岩峰生长的三两朵百合。

参赛作品28

参赛选手：张娟

作品1：春风吹又生

利用褐色木料做成构架和枯枝组合，表达冬的萧瑟，探出头的花朵和枯枝间的小绿草，无处不散发着生机。

作品2：二人茶缘

尽管时光变迁，我们却一直相信，永恒真情不变。我们的缘就像天地间万物的自然结合，和谐而充满生机。

作品3：风骨

青松的坚毅执著，菊的深沉朴雅。作品表达顽强的风度和气质！

刀光剑影露锋芒，千锤百炼显风骨。以腐木造型，配以柏、松、竹、兰为花材，突显刚正、顽强之风度、气质。从视觉到精神整体呼应，加之浓浓的中国元素，构成一幅完美的中国传统插花作品。

参赛作品30

参赛选手：王存周

作品1：春风吹又生

崖上春风今几度，换得花开晨与露。

作品2：二人茶缘

吾欲与君四时吟，奇茶妙墨花自开。

作品3：风骨

欲与天公试比高，一身正气冲凌霄。

一花一木一草请进作品里，诠释顽强的风骨气质，经由内心展现他的不偏不倚的高尚人格和气概，找到每一位内心最具风骨，予以心灵共鸣。

参赛作品29

参赛选手：申飞鹤

作品1：改革春风吹又生

作品利用竹签榫接，以松为主轴，底部一个个竹筒代表着地震前的唐山，欣欣向荣，地震形成了上下的断层。而今，伴随着改革的春风，在祖国母亲鸟巢般的孕育下，繁荣昌盛，助力盛世中华。

作品2：二人茶缘

一片片，一朵朵，似梦如幻。离开俗气的繁华都市，品着幽幽香茶，打开心扉，互诉忠情，日渐缘（圆）满。

作品3：风骨

参赛作品31

参赛选手：韩荣芬

作品1：春风吹又生

野火烧不尽，春风吹又生，借由我作品的创作理念传达我对唐山人民的敬意。选用坚韧富有含义的竹子景观，让我们爱花、护花、惜花把它请进我们的生命里做最绚丽的绽放。

作品2：二人茶缘

融融惬意，缕缕茶香。茶孕育了深深的文化底蕴，让我们惜缘、系缘、续缘。

作品3：风骨

参赛作品32

参赛选手：张吉云

作品1：春临大地

纸筒的色彩如泥土，形状如春风化雨。顶部则用绿菊和康乃馨做出高低起伏的造型，外加跳舞兰的点缀，形容春有百花漫枝头的景象。

作品2：缘宝

用缘画圆，用圆化缘。作品中用了圆形的餐桌，圆是上帝安排的，但是缘是靠自己的努力化来的；白色的滴蜡，就像东北的冰挂；白蝴蝶兰，象征你我幸福如雪、纯白无瑕的感情。

作品3：临风玉树

古朴、直挺枝干的老树桩意在表达不论身居何处，不论地位如何卑微，当坎坷和不如意袭来之时，都不会屈从于失败和惧怕磨难。

参赛作品33

参赛选手：周晓波

作品1：春风吹又生

枯木逢花便是春，人无两度再少年。

作品2：二人茶缘

一束花，一段时光，两个人的深情纪念。

作品3：风骨

纯朴的花，不见风姿绰约，但闻暗香无比，岁月中跋涉出故事的轮廓，落在年华里的韶华。

参赛作品34

参赛选手：王德成

作品1：春风吹又生

春风有着不一般的魔力，让地震后的废墟焕发了生机；春风吹来，残垣断壁间看到了新的生命在成长，新的希望在延续，新的城市在崛起！

作品2：二人茶缘

只因有茶，遇见爱的温馨，煮一壶茶，品一盏清欢，留一份淡然常于心间，愈喜坐在绿苔滋长的林间。茶不过两种姿态，浮或沉，喝茶人不过两种姿势，拿起或放下。

作品3：风骨

繁华落尽，繁花满地，空有满满惆怅，却无处坚强毅然；缘定三生，缘灭一瞬，若能再见，倾心相遇。当历史的利剑划破黎明的黑暗，仿佛整个世界都在静待此处的春暖花开。

参赛作品35

参赛选手：孙锦华

作品1：生命的喷发

生命的萌动是盛大的，这种生命力就像火山爆发一样不可阻挡，且热烈勃发！

作品2：心有灵犀

旧说有灵兽犀牛，它的角中有白纹如线，贯通两端，感应灵异。如今被引申为心心相印，彼此之间的心意都能心领神会。作品以抽象的牛角形态，组成两个心形，寓意两人心有灵犀。

作品3：君之风骨

花开不并百花丛，独立疏篱趣无穷。宁可枝头抱香死，何曾吹落北风中。风骨是一种刚柔并济且永不泯灭的精神，它既有竹的柔韧不折，又有菊的顽强不屈，这种特质使它能永远延续下去。

参赛作品36

参赛选手：周建文

作品1：春风吹又生

一幅看似未完全打开的画卷，预示着中国花艺会有更加美丽的期待，以此为创作的素材，表现出顽强的生命力。

作品2：二人茶缘

正所谓君子之交淡如水，作品引用中国园林造景构图呈现出高山流水之景象以表达情意。故人常以茶会友，将餐桌置于具有中国元素的祥云间，更显清逸脱俗的生活画面。

作品3：风骨

作品外形宏伟，气势磅礴，似一个高大的形象矗立其中，几朵白菊更显其高雅之气。

参赛作品37

参赛选手：曾来保

作品1：唐山地震之春风吹又生

在大自然面前，人类是渺小的。同时，在灾难面前，也彰显了人类的伟大和人性的光辉与坚强。灾后，他们自力更生，重建家园。

作品2：二人茶缘之曲水流觞

曲水流觞出自书圣王羲之《兰亭集序》，后人慢慢引用茶水代替美酒，流觞曲水，一花一茶，多少情聚，多少缘起，无酒亦欢，有茶亦醉。

作品3：不屈之歌

千锤万凿出深山，烈火焚烧若等闲。粉身碎骨浑不怕，要留清白在人间。

参赛作品38

参赛选手：李福彬

作品1：春风吹又生

用大自然的材料木材来作为主体架构。用圆形代表圆满。圆是人的梦，满是天的美。一花、一草周而复始的新生。把每一个圆串联起来形成了丰富多彩的世界。

作品2：二人茶缘

用大量的线条刻画出二人的世界、火的热情在皎白的月光照耀下显得那么宁静祥和。

作品3：风骨

用轻盈的枝条来表现风的柔美，枯木来表现山的壮美。花草点缀其中，"气韵生动，风骨为体，以变化为用"。山间，园林一角尽收眼底。

参赛作品39

参赛选手：吕绍将

作品1：春风吹又生

"沉舟侧畔千帆过，病树前头万木春"用枯木作为主体架构，颜色选用红色与金色，象征着活力与生命，用跳跃的色彩、鲜明的对比彰显出枯木重生、凤凰涅槃的不屈意志。

作品2：二人茶缘

雨落茅屋滴滴檐，茶园二人自悠闲。越痛古今谈天下，琴棋书画诗酒茶。

作品3：风骨

"人不可有傲气，但不可无傲骨"，在花材中最能体现坚韧的莫过于竹，选用竹子为主体，百合为衬托，表现出竹虽经历了"瑟瑟寒风"，但仍然屹立不倒，最终绽放出美丽的花朵。

参赛作品40

参赛选手：曾卫芳

作品1：春风吹又生

春风一抚，绿回大地。草之韧，无艰无摧，人坚似草，坚不可摧，磨难重重，永不放弃，夹缝求生，春风一度，涅槃重生。

作品2：二人茶缘

世界之大，相识即是缘，闲暇之余，志同道合者相约其中品茗，好不乐哉！

作品3：风骨

作品以清雅淡泊、谦谦君子的竹和凌霜飘逸、世外隐士的菊来表达君子的风骨傲立世间，人人为之追求一生。

参赛作品41

参赛选手：赵莉

作品1：春风吹又生

顽强的生命力，通过各种困难险阻的考验发芽、开花、结果，迎接欣欣向荣的明天。

作品2：二人茶缘

一草一木一世界，一茶一花一知己。忆往昔，快乐重现；展未来，鸿鹄志远。

作品3：风骨

恢弘气势，冲破一切艰难险阻，向上、向上！

参赛作品42

参赛选手：李琛

作品1：生命的力量

对生命的渴望，是因为心中有爱，有爱就会有奇迹。野火烧不尽，春风吹又生。有爱就有家，即使遭受灾难，即使生活百般挫折，当推开窗，看到满园春色的时候，感到了生活的美好，领悟了生命的意义。

作品2：茶缘

有缘才会相聚！相信第一眼的缘分，但也要一段时间的了解，是否真的善良、感恩和无私。交友和品茶一样，品它的色泽和滋味。我们要珍惜历久弥新的朋友、爱人。

作品3：凤凰于飞

顽强不屈的生命力流铸在中华民族的血液里，任何灾难都折不断中国人的傲然风骨！

参赛作品43

参赛选手：冯芊芝

作品1：春风吹又生

用瓦块粘贴一个"唐"字作为作品主体，一棵枯树做出新叶和花，这两个架构放在用不规则瓦片粘贴的容器里，有交错的枯根发出小芽。整个作品表达出唐山在经过自然灾害后，在党的领导下勤劳的人民又重新建起一座欣欣向荣的现代化新唐山。

作品2：二人茶缘

用瓦块粘贴一个形似的云作支架，桌面做出形似的两条小

溪，寓意"缘"字，就是顺其自然，如行云、如流水、如花开花落，二人由茶而缘。

作品3：风骨

用三枝主枝做出倾斜式结构，其中一枝主枝遒劲有力，挺拔傲立，寓意唐山人民不屈不挠顽强的气质。

参赛作品44

参赛选手：侯江涛

作品1：春风吹又生

凤凰城震华夏地，工业繁荣瞬成烟。石落枝飞惊眼幕，云愁鸟叹痛心田。神兵有翼扶孤老，大爱无形暖唐山。残梦经年看挺立，重生火凤舞翩翩。

作品2：二人茶缘

茶叶之水中翻滚舒缓，唯有融水沉淀之后，才会香飘四溢，释放自己独有的味道。茶若人生，人生多浮沉起落，珍惜缘分，珍爱人生。

作品3：风骨

志比金坚，韧者持恒，任重道远，自力更生，重建家园的唐山抗震精神，告诫新一代唐山人患难与共、百折不挠、勇往直前，勇于克服一切困难。

参赛作品45

参赛选手：张方红

作品1：春风吹又生

春是历经严冬的万物复苏，春是漫漫淡化的山头雪迹，春是陌上花开，春是风儿又绿了江南岸。

作品2：茶园印象

一山千行绿，纵横阡陌间。遐想花开遍，品茗话友情。

作品3：风骨

咬定青山不放松，立根原在破岩中。千磨万击还坚劲，任尔东西南北风。

参赛作品46

参赛选手：程新宗

作品1：春风吹又生

作品以春色水景为题材，倾斜的架构、特殊处理的树枝，圆形的水池、弯曲的树根相结合在一起，来呈现春天的景色。

作品2：二人茶缘

作品以力学的概念来展现大自然的美感，"C"字形和锥形相结合来设计茶桌，用粘贴和捆绑的手法来表现植物的生命力。运用树枝、树根，禅意的元素来呈现中国的茶花生活。

作品3：风骨

作品以岁月逢春为题材，枯老的树皮表现出岁月的沧桑，春天到来的时候生机盎然的生命力，展现在大自然的景色当中。

参赛作品47

参赛选手：王智艳

作品1：春风吹又生

春回大地，万物复苏！一次毁灭性的破坏也未能阻碍唐山人民对生活的热爱，唐山的景象更加欣欣向荣！

作品2：二人茶缘

鲜花美酒，良辰美景！得成比目何辞死，愿作鸳鸯不羡仙！

作品3：傲骨

花若盛开，蝴蝶自来！

参赛作品49

参赛选手：黄仔

作品1：自然之法【润·生机】

老树着花，蝶化庄周。惊蛰、谷雨、芒种、霜降……应时以润物，冬藏则春生。万物沉睡，浴火重生。顺天润物，生生不息……

作品2：二人茶缘【润·茶心】

禅茶之味。独啜曰神，二客曰胜。天地间，两知己，对坐山涧，清风拂面。以此观彼，一念一味。一期一会，坐忘时间。佛缘清泉水，滴滴润茶心。

作品3：【润·凡心】

望尽天涯，淡看秋月春风。梦里乾坤，几度蹉跎。笑看今朝：松树苍劲不老；竹子高风亮节几多潇洒；菊花正直不屈尽芳华；心胸如水而自宽！唯愿诗篇不老，傲气长春！

参赛作品50

参赛选手：佟汉杰

作品1：春风吹又生

在黑暗中看到光明，在迷茫中前进。慢慢地积蓄自己的力量，待到时机来时，破茧而出绽放自己，展示出五彩斑斓绚丽的另一个世界。

作品2：二人茶缘

品茗人生，人生如茶。回甘三味之后才知道各种滋味。亦如茶叶在水中浮浮沉沉、聚聚散散，相遇、拥有、珍惜皆是有缘。

作品3：风骨

不管生活环境多么恶劣，不管有多少艰难孤独，只要心中永远充满希望，生命就会焕发无限生机，人生就会展现无限精彩。"夭桃枉自多含妒，争奈黄花耐晚风"。

参赛作品51

参赛选手：唐婕

作品1：行走的力量

只要有树叶飞舞的地方火就会燃烧，火的影子耀着世界，让新的树叶发芽，在命运的轮回里，期盼新的力量。

作品2：茗.岚

"山茗煮时秋雾碧，玉杯斟处彩霞鲜。"一盏清泉染尽瓷中绿，清香漫布。两三知己相逢，交心品茗论人生。纵有千情随梦陷，幽幽茗香满人间。

作品3：风骨

独处，至简至淡。它是一种智慧的沉淀，是一种无我的心境，是一种自然的取舍。在喧嚣独守一片宁静；在纷扰中，坚守一心平淡；在落寞中，坚守一份简单。

参赛作品52

参赛选手：杨雨轩

作品1：春风吹又生

半坡细雨醒残魂，灰垢徒增绿色新。任尔一时红火后，悠悠唯我可回春。

作品2：二人茶缘

朋友不在多少，在于真心交往，缘分不在万千，在于坦诚相见。

作品3：风骨

抱香不畏凛寒气，傲霜更见风骨矜。

参赛作品53

参赛选手：范昭锐

作品1：春风吹又生

草有生，叶有生，花有生，蓬蓬勃勃；天有生，地有生，我有生，生生不息。无论顺境、逆境，无论艰难、险阻，我都不急、不燥，学那涧下草、崖上花，静待春风过，更显风姿绰。

作品2：二人茶缘

远离喧嚣的生活，相会于茶室。摒弃浮华，追求内心的"和.敬.清.寂。"让生活更真实，更接近自然。

作品3：风骨

松如盘龙游于世，花如解语引人笑。人生艳羡风骨在，若有风骨气自华。

参赛作品54

参赛选手：李欣

作品1：春风吹又生

剪影城市的一角，无数的生命被钢筋水泥禁锢，它们的躯干、枝叶或被践踏，或被砍伐，或被焚烧。但只要地下有根在，生命之火就永远炙热。静待春风，生生不息。

作品2：二人茶缘

遮一抹花荫，温一壶香茶，捻碎时光，濯耳静心，等你寻香而来。

作品3：风骨

错过桃红梨白、绿肥红瘦，独喜残阳落雪、枯藤老树。不言风骨，而自成风骨。

参赛作品55

参赛选手：王国栋

作品1：春风吹又生

"野火烧不尽，春风吹又生。"在无限生命的轮回里，春风浸透了大地，阳光在时光沙漏里流淌、旋转、荡漾。我们真的很感动大自然的传奇，经过了漫长的冬季，经过风、雪、冰的洗礼，那些坚强的生灵，在春风中还是显露出新的生机。

作品2：二人茶缘

低头问盏，一分汲取，十分情谊。生活原来可以如此简单，生命原来可以如此丰盛，人生随缘，茶缘是我心底最美的画。

作品3：风骨

云雾间，冥冥茫茫，高山流水，凤凰于飞凌云霄。凤凰于飞，翙翙其羽。梧桐细雨，瑟瑟其叶。有凤来仪兮，见则天下安宁。

复赛作品

复赛作品 01

参赛选手：李昌贤

复赛作品 02

参赛选手：曾洪飞

复赛作品 03

参赛选手：韩海

复赛作品 04

参赛选手：张建平

复赛作品 05

参赛选手：程新宗

复赛作品 06

参赛选手：杨雨轩

复赛作品 07

参赛选手：周维珍

复赛作品08

参赛选手：张方红

复赛作品09

参赛选手：潘磊

复赛作品10

参赛选手：杨凤伟

复赛作品11

参赛选手：夏红梅

复赛作品 12

参赛选手：龚湧

复赛作品 13

参赛选手：王存周

复赛作品 14

参赛选手：姜智玲

复赛作品 15

参赛选手：刘成林

复赛作品 16

参赛选手：王辰

复赛作品 17

参赛选手：李欣

复赛作品 18

参赛选手：黄仔

复赛作品 19

参赛选手：陈宏

复赛作品20   参赛选手：周方晨

决赛作品

　　第四届中国杯插花花艺大赛决赛以人体花艺秀舞台公开赛形式举办。人体花艺在古代就已经开始形成了，当时头饰佩戴为常见，当今作为极为特色的一种花艺面向社会，它分别为头饰、手饰、服饰。制作的前提首先是以鲜花为主，融入手工编制的构架形成的服饰，再佩戴到人体身上展现的一个作品，相比传统构架插花，人体花艺更能表达花和人的关系，使得花艺更加生活化。

决赛作品01
参赛选手：韩海

决赛作品02
参赛选手：姜智玲

决赛作品03
参赛选手：黄仔

决赛作品04
参赛选手：杨凤伟

决赛作品05
参赛选手：李欣

决赛作品06
参赛选手：陈宏

决赛作品07
参赛选手：李昌贤

决赛作品08
参赛选手：曾洪飞

决赛作品09
参赛选手：刘成林

决赛作品10
参赛选手：程新宗

花艺表演

    第四届中国杯插花花艺大赛花艺师表演作为本次竞赛压轴重头戏，在唐山新华联铂尔曼大酒店举办，邀请匈牙利花艺大师托马斯（Tamás Endre Mezőffy）、俄罗斯花艺大师艾克（Araik Galstyan）现场表演，赛后与参赛选手交流，并对比赛作品进行点评。

    匈牙利花艺大师托马斯——2016欧洲杯插花花艺大赛冠军，他是自然之子，能体会每一朵花的情感，他的作品总是带着的大自然的气息。他来自匈牙利巴顿高原，15岁便参加初中花艺大赛。在他的作品中，每一朵花都充满灵性的美丽，他知道怎样才能表现它们最美的绽放。

    托马斯参加的比赛及获得的荣誉：

2016年欧洲杯插花花艺大赛（热那亚，意大利）——冠军

2014年匈牙利锦标赛（塔塔，匈牙利）——冠军

2013年OMÉK秋季竞赛（布达佩斯，匈牙利）——第二名

2011年欧洲杯插花花艺大赛（HAVířOV，捷克）——第五名

2007年植物礼赞杯（Szigetszentmiklós，匈牙利）——冠军

2006年florinteurofleurs（新道，荷兰）——冠军

俄罗斯花艺师艾克（Araik Galstyan）——"在作品中表现花卉转瞬即逝的美丽是我存在的意义。"他的作品绚烂、唯美，充满对生命及生活的礼赞。艾克是俄罗斯花店设计师；艾克花艺设计室创办人，莫斯科国际花艺设计学院的创始人和主任，《花卉世界》杂志创始人。

1999年获得亚美尼亚The FloweroftheWorld大赛——冠军

2007年亚美尼亚花艺协会会长

2007年获得RENTV Supper Party——决赛资格

2007至今苏富比官方花艺师

2008—2009年莫斯科百万富翁展销会官方花艺师

艾克担任了苏富比–俄罗斯分公司、美国彭勃公司、莫斯科《传统与现代》国际文化节以及其他国际大型活动的官方花店设计师，亚美尼亚花商协会主席。是"国际年度花卉艺术"项目的参与者。足迹遍布世界各地。出版了《节日花卉设计》《前卫设计工作室》《国际插花艺术》等书籍。

大赛总结

　　花卉是自然界的精华，插花花艺是花卉的技术创造与艺术加工为一体的美的升华，是再现大自然美和生活美的花卉艺术品，是"天人合一"理念的艺术表达。

　　中国杯插花花艺大赛，是由中国花卉协会江泽慧会长倡导，以弘扬和传承中国插花技艺，促进世界花艺交流，普及花艺知识，提升我国花艺水平为宗旨，按照国际花艺比赛体系和规则举办的级别最高的全国性插花花艺赛事。前三届中国杯插花花艺大赛分别于2005年沈阳、2009年西安、2013年常州举办。三届大赛的冠、亚、季军代表中国大陆先后参加了亚洲杯插花花艺大赛、洲际杯插花花艺大赛等。

　　第四届中国杯插花花艺大赛由中国花卉协会和唐山市人民政府共同主办，中国花卉协会零售业分会、河北省花卉协会、2016唐山世界园艺博览会执行委员会承办，于2016年7月2日~7月9日在河北省唐山市举行。本届大赛共有来自全国20个省（自治区、直辖市）的60名花艺选手参赛，是2016唐山世界园艺博览会"6+1"系列花卉竞赛的第4项赛事，本次大赛受到了广大游客的热切关注及一致好评，大赛展区位于综合展示中心，展期阶段约有6万余人次游览参观。

　　大赛分初赛、复赛和决赛3个阶段。初赛为封闭式比赛，选手进行自选作品、餐桌花艺、东方式花艺-缸花三项比赛，通过专家评审，前20名选手进入复赛。复赛、决赛为舞台公开赛，复赛选手在舞台进行神秘箱-手绑花束、神秘箱的公开比赛；前10名选手进入决赛。决赛选手在舞台进行人体花艺比赛，经过角逐，最终来自江苏的韩海、湖北的程新宗、上海的刘成林获得本次插花花艺大赛冠、亚、季军。

　　本届大赛期间还邀请2016年欧洲杯插花花艺大赛冠军托马斯（Tamás Endre Mezőffy），俄罗斯花艺大师艾克（Araik Galstyan）进行花艺表演。

　　中国花卉协会展览部部长刘雪梅在赛后接受采访，"'中国杯'的举办，全面展示了中国花艺风采，弘扬了中国花文化，提高了花艺审美水平；'中国杯'的举办，标志着引导和普及花卉消费开始得到全行业的重视，花卉零售业开始走向成熟；更为重要的是，'中国杯'的举办，锻炼了选手，更新了观念，拓展了创作思路，提升了技艺和竞技水平，为中国花艺师走向世界创造了条件，提供了机遇，提高了中国在国际花艺界的地位和影响力。"

　　本届大赛为中国的优秀花艺师提供了交流互鉴、提升技艺的舞台，是一届传播花艺最新理念，普及花艺知识，弘扬花卉文化，拓展花卉应用，引导花卉消费的一次盛会；更是贯彻落实"创新、协调、绿色、开放、共享"的发展理念，建设生态文明、建设美丽中国的生动实践。

国家林业局副局长陈述贤为获奖选手颁奖

第六章

国际插花花艺竞赛

插花艺术

插花（Flower Arrangement）起源于佛教中的供花，同雕塑、盆景、造园、建筑等一样，均属于造型艺术的范畴。即指将剪切下来的植物之枝、叶、花、果作为素材，经过一定的技术（修剪、整枝、弯曲等）和艺术（构思、造型设色等）加工，重新配置成一件精致美丽、富有诗情画意，能再现大自然美和生活美的花卉艺术品。简而言之，插花是利用植物器官为材料，融入艺术构思并通过剪裁整形与摆插来表现自然美和生活美的一门造型艺术。

插花发展史

我国在近2000年前已有了原始的插花意念和雏形。插花到唐朝时已盛行起来，并在宫廷中流行，在寺庙中则作为祭坛中的佛前供花。宋朝时期插花艺术已在民间得到普及，并且受到文人的喜爱，各朝关于插花欣赏的诗词很多。至明朝，我国插花艺术不仅广泛普及，并有插花专著问世，如张谦德著《瓶花谱》，袁宏道著《瓶史》等。中国插花艺术发展到清朝，已达鼎盛时期，在技艺上、理论上都相当成熟和完善；在风格上，强调自然的抒情，优美朴实的表现，淡雅明秀的色彩，简洁的造型。随着国民经济的发展及改革开放，插花在人们生活、婚礼、宴会、展会、活动、商务空间中的需求也逐步升高。

插花的分类

插花艺术大致可分为东方式插花、西方式插花。现代的插花艺术则将东西方的插花的特点结合起来，表达出自然与华贵的双重美感。

东方式插花以中国和日本为代表，以花作为主要素材，在瓶、盘、碗、缸、筒、篮、盆等花器内创作，来表达一种意境，来体验生命的真实与灿烂。整体造型素雅、小巧，崇尚自然，讲究优美的线条和自然的姿态，其构图布局高低错落、俯仰呼应、疏密聚散，作品清雅流畅，以人文为本，表达了自然、适意、清静、淡泊、隐逸的审美情趣。

西方式插花则以欧美为代表，通过各种材质的材料或容器，插出花型骨架，定出外形轮廓，再由主体花、填充花、衬叶等完成作品。西方式插花用一种程式化、规范化的模式来确定美的标准和尺度，强调整齐一律、平衡对称，多以几何形的造型以抽象的艺术手法，把大量的色彩、丰富的花材堆砌成各种形状去表现人工的数理之美，以求得较强的装饰效果，整体色彩搭配艳丽，造型丰富华贵，展现雍容华贵之美，体现人工的艺术与图案之美。

中国传统插花

西方式插花

竞赛方案

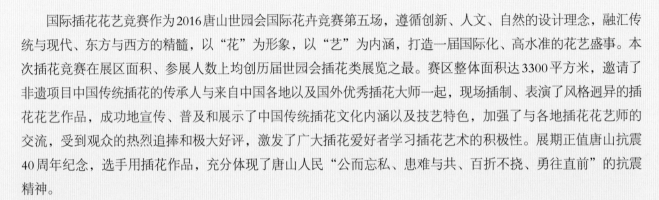

　　国际插花花艺竞赛作为2016唐山世园会国际花卉竞赛第五场，遵循创新、人文、自然的设计理念，融汇传统与现代、东方与西方的精髓，以"花"为形象，以"艺"为内涵，打造一届国际化、高水准的花艺盛事。本次插花竞赛在展区面积、参展人数上均创历届世园会插花类展览之最。赛区整体面积达3300平方米，邀请了非遗项目中国传统插花的传承人与来自中国各地以及国外优秀插花大师一起，现场插制、表演了风格迥异的插花花艺作品，成功地宣传、普及和展示了中国传统插花文化内涵以及技艺特色，加强了与各地插花花艺师的交流，受到观众的热烈追捧和极大好评，激发了广大插花爱好者学习插花艺术的积极性。展期正值唐山抗震40周年纪念，选手用插花作品，充分体现了唐山人民"公而忘私、患难与共、百折不挠、勇往直前"的抗震精神。

　　竞赛主题：花舞凤城，梦牵世园

　　竞赛地点：世园会综合展示中心B区一层

　　竞赛时间：2016年7月26日至8月2日

参展办法

　　在2016唐山世园会国际竞赛组委会的领导下，由中国插花花艺协会协助2016唐山世园会执委办园林园艺部统筹竞赛事宜，完成赛区规划、布置、养护、评比、颁奖等工作。国内邀请北京、上海、广东、香港、澳门、台湾等20多个省市和地区的花艺大师40人、知名花艺师82余人，国外邀请德国、法国、比利时、日本等花艺大师12名，共同完成场馆布置及竞赛内容。

竞赛内容

◆ 中国传统插花展示　　　　◆ 国内外现代花艺展示　　　　◆ 生活插花展示

◆ 婚庆插花展示　　　　　　◆ 国际花艺师表演　　　　　　◆ 插花花艺高峰论坛

　　插花花艺竞赛分为4个展区，分别为中国传统插花展区、国内外花艺展区、生活插花竞赛区、婚庆插花竞赛区，其中有2个展区作为竞赛区，分别是以"居雅轩"为主题的生活插花，下设玄关、书斋、蔬果3个竞赛区；以"贺佳缘"为主题的婚庆插花区，下设婚庆、花轿2个竞赛区，多方位展示"都市与自然"的插花花艺，呈现涅槃"凤凰城"的艺术形象。

参赛要求及评分标准

参赛要求：

1. 参赛选手按照抽取展位，统一进入现场开始布展；婚庆区作品，每个展位可带2名助手，其余竞赛区独立完成制作；所有布展作品必须在指定时间内完成（7月25日13：00前）。

2. 所有参赛选手，需根据自己的设计创意为作品命名，并将作品的主题、设计思想进行文字说明，待作品完成后放于作品前。

竞赛项目参赛要求

展区	形式	数量	尺寸（米）（长×深×高）	创作要求
生活插花展区	玄关插花	25	1.5×1×3	主题：纳福。10厘米地台，风格不限
	书斋插花	22	2×1.5×3	主题：雅趣。10厘米地台，与琴棋书画茶等结合
	果蔬插花	26	1.5×1×3	主题：乐享。80厘米桌台。用盘和篮器插制。提倡节俭、环保的理念
婚庆插花展区	婚庆插花	11	4×3×3.5	每个空间创作餐桌花、捧花、头花一套。中式、西式风格皆可
	花轿插花	3	3×3×3.5	中式传统风格，手法不限

评分标准：

1. 色彩配置：整体色彩的调和性，视觉效果表现优秀，适合主题的表现力，色彩的平衡感强，权重20%。
2. 插花技艺：稳固性好，整洁环保性符合标准，花材处理及保鲜，技巧娴熟程度，权重20%。
3. 构图造型：体量与比例尺度把握，线条的运用，造型新颖性，权重30%。
4. 主题立意：独创性，主题与文化内涵表达，花材使用特性，艺术风格，权重30%。

奖项设置

插花竞赛设置生活插花竞赛，下设玄关、书斋、蔬果3项，作品83件；婚庆插花竞赛，下设婚庆、花轿2项，作品14件。设置金奖10名、银奖14名、铜奖25名。竞赛各奖项数量、奖金可根据参赛作品数量按比例适当调整，具体作品数量以实际为准。

评奖时间：2016年7月25日。

颁奖时间：2016年7月26日。

评审委员会

	姓名	职务
组长	王莲英	中国插花花艺协会 名誉会长
评审委员	秦魁杰	中国插花花艺协会 副会长
	蔡仲娟	上海市插花花艺协会 会长
	王绍仪	广东园林学会插花专业委员会 主任
	周佩华	澳门花卉业商会 会长
	王绶枝	中国插花花艺协会 理事
	秦雷	浙江省风景园林学会插花艺术研究会 副会长

参赛作品

"品国韵" —— 中国传统插花展区

中国传统插花历史悠久、源远流长，崇尚自然、师法自然而高于自然。中国传统插花展区以国家级非物质文化遗产"传统插花"为主体，采用中国传统季相插花、写景插花、写意插花、谐音插花的形式展示中国传统插花以形传神、形神兼备、情景交融的形式美与意境美。弘扬博大精深、内蕴丰富的中华传统插花文化和风采。

参赛选手：郑青

作品名称：秋水蒹葭，雁落平沙

以浅盘呈托秋水、平沙，以芦苇营造苍苍蒹葭，以鸢尾、鹤望兰代归鸿、落雁，正是一幅秋水之畔的宁静花卷。

参赛选手：刘政安

作品名称：踏雪寻梅

腾挪跌宕的梅枝恰如山路的石级，等你踏雪而来，来探访那远香的归处。

参赛选手：秦雷

作品名称：玉堂富贵

　　牡丹是我国人民心目中的富贵之花，玉兰、海棠组合为"玉堂"的象征，此三者搭配并收篮中则是对"玉堂富贵"这一美好生活的祝愿和向往。

参赛选手：张燕

作品名称：清廉昌运

　　莲谐音"廉"，取义"清廉"；菖谐音"昌"，鸢谐音"运"，取义"昌运"。

　　借莲花、莲叶、莲蓬、菖蒲、鸢尾的谐音组合来寄托为政清廉定能国运昌隆的祈盼。

参赛选手：刘若瓦

作品名称：岁寒三友

　　松与竹经冬不凋，梅花遇寒而开，故得"岁寒三友"之美誉，而以此三者命题，实为赞颂不屈不挠、坚贞永固的高尚人品。

参赛选手：梁勤璋

作品名称：四君子

　　梅贞、兰幽、竹恭、菊淡素有"花中四君子"之美称，无论吟诗作画，它们的身影往往寄托了作者对君子风范的渴望和推崇。

参赛选手：谢晓荣

作品名称：春

> 杨柳丝丝弄轻柔，烟缕织成愁。
>
> 海棠未雨，梨花先雪，一半春休。
>
> 而今往事难重省，归梦绕秦楼。
>
> 相思只在：丁香枝上，豆蔻梢头。

参赛选手：侯芳梅

作品名称：夏

> 绿槐高柳咽新蝉，薰风初入弦。
>
> 碧纱窗下洗沉烟，棋声惊昼眠。
>
> 微雨过，小荷翻，榴花开欲然。
>
> 玉盆纤手弄清泉，琼珠碎却圆。

参赛选手：张超

作品名称：秋

> 一声梧叶一声秋，
>
> 一点芭蕉一点愁，
>
> 三更归梦三更后。
>
> 落灯花棋未收，
>
> 叹新丰逆旅淹留。

参赛选手：王莲英

作品名称：冬

> 雪照山城玉指寒，
>
> 一声羌管怨楼间。
>
> 江南几度梅花发，
>
> 人在天涯鬓已斑。
>
> 星点点，月团团，倒流河汉入杯盘。
>
> 翰林风月三千首，寄与吴姬忍泪看。

"赏名萃" —— 国内外花艺作品展区

国内外大师级花艺师引领行业潮流、打造花艺精品。因此，国内外花艺展区汇集了国内外大师级花艺师的经典作品，以"唐山·凤凰涅槃"为主题，运用丰富的新造型、新花材、新材料以及极具表现力的现代花艺技巧，展现中西方花艺师独特的插花创意和技艺，呈现中西方插花的时尚现代美感。

参赛选手：Mehmet Yilmaz（德国）

作品名称：木林之风

参赛选手：Castagne Alain（法国）

作品名称：紫色的梦想

参赛选手：久保数政（日本）

作品名称：波之韵自然风

参赛选手：Stijn Simaeys（比利时）

作品名称：平衡

参赛选手：梁灵刚（中国香港）

作品名称：金色麦浪

参赛选手：周佩华（中国澳门）

作品名称：燃烧的重生

参赛选手：陈冠伶（中国台湾）

作品名称：感恩

参赛选手：于涛

作品名称：奇迹

参赛选手：刘飞鸣

作品名称：雪融江河溢

参赛选手：苏群

作品名称：真荷 重生

参赛选手：郑全超

作品名称：凤舞花海 书伴少年

参赛选手：谢明

作品名称：种子

参赛选手：潘磊

作品名称：重生

参赛选手：薛立新

作品名称：巢

"居雅轩"—— 生活插花作品竞赛区

让插花融入生活、进入家庭一直是行业提倡的目标。因此，生活插花竞赛区以人们工作和生活的公共空间以及客厅、厨房、书房、茶室、阳（窗）台等场所为载体，运用鲜花、蔬果等多种材料，进行插花创作。采用先赛后展的形式，引导大众将插花融入生活，装点家园，与花为伴，以花为友，净化心灵，陶冶情操。

◆ 玄关插花

展示效果

参赛选手：高华

作品名称：纳福

参赛选手：吴昊

作品名称：华丽乐章

参赛选手：赵增莲

作品名称：纳福致祥

参赛选手：杨佃红

作品名称：邂逅美好时光

参赛选手：张娟

作品名称：纳福

参赛选手：曾卓宏

作品名称：福泽

参赛选手：康后平

作品名称：福临天下

参赛选手：张贵敏

作品名称：君子之风

参赛选手：蒋敏

作品名称：回向

参赛选手：蒋跃军

作品名称：醉美红石滩

参赛选手：李丽仙

作品名称：一泻千里

参赛选手：李婷婷

作品名称：松鹤长春

参赛选手：马力为

作品名称：荷韵

参赛选手：李昌贤

作品名称：香远

参赛选手：刘健锋

作品名称：茧

◆ 书斋插花

展示效果

参赛选手：戴亚俊

作品名称：奕

参赛选手：刘琰

作品名称：心静如菊

参赛选手：刘俊

作品名称：墨香

参赛选手：黄东文

作品名称：粤韵书香

参赛选手：黄科科

作品名称：归雅

参赛选手：吴锋

作品名称：漫思茶

参赛选手：张娟

作品名称：乡韵

参赛选手：亓季松

作品名称：君子之交淡如水

参赛选手：杜娟

作品名称：清荷

参赛选手：陆绮薇

作品名称：书山有路

参赛选手：张育

作品名称：书韵

参赛选手：李昌贤

作品名称：雅室

参赛选手：占丽

作品名称：半窗疏影

参赛选手：吴劲华

作品名称：翰墨流香

参赛选手：郁泓

作品名称：致远

参赛选手：尹晓旭

作品名称：东篱老叟

◆ 果蔬插花

展示效果

参赛选手：张程程

作品名称：乐享

参赛选手：钱慧文

作品名称：丰收乐享

参赛选手：江平

作品名称：熊猫幸福时光

参赛选手：朱迎迎

作品名称：果蔬圆舞曲

参赛选手：欧建惠

作品名称：岭南春晓

参赛选手：张丽雅

作品名称：绽放新姿

参赛选手：戴亚俊

作品名称：厨房协奏曲

参赛选手：蒋跃军

作品名称：享

作　　者：张昕

作品名称：蔬果森林

作　　者：占丽

作品名称：人间正味

作　　者：吴锋

作品名称：拥抱梦想

作　　者：张永辉

作品名称：有朋自远方来

作　　者：淡亚妮

作品名称：晶莹

参赛选手：陈凯泽

作品名称：分享

参赛选手：祝春玲

作品名称：本草演义

作　　者：张雅娟

作品名称：雨中情缘

"贺佳缘" —— 婚庆插花作品竞赛区

花艺是婚礼上最隆重的组成部分、最耀眼的装饰元素。婚庆插花展区以中式与西式、传统与现代等多种元素，展示人体花饰、手捧花、花轿、东西方婚宴场景等插花花艺。展现插花花艺在婚庆活动中的创意构思、表现形式、独特材料以及未来发展趋势，引领婚庆插花新潮流。

展示效果

◆ 花轿

作　者：杨浩

作品名称：龙凤呈祥

作　者：何银铃

作品名称：那些年

◆ 婚庆插花

作　者：袁爱琴

作品名称：金玉良缘

作　者：李东

作品名称：冰之缘

作 者：孙亮

作品名称：爱的梦境

作 者：江平

作品名称：姻缘

作 者：陈宪彬

作品名称：蝶恋

作 者：高雅

作品名称：与你一起走过漫漫时

特约国内花艺师作品展示区

展示效果

作　　者：薛立新
作品名称：繁·荣
位　　置：主通道

作　　者：李东
作品名称：餐桌映像
位　　置：国际区

作　　者：简越洋
作品名称：沙影
位　　置：主通道

作　　者: 朱继业　　作品名称: 四季　　位　　置: 门厅

作　　者: 李臣　　作品名称: 绿凡　　位　　置: 公共区

评审颁奖

国际插花花艺竞赛评审委员会

2016唐山世界园艺博览会国际竞赛组织委员会在唐山组织召开了国际插花花艺竞赛的评审会，邀请中国插花花艺协会名誉会长王莲英女士、中国插花花艺协会副会长秦魁杰先生、上海市插花花艺协会会长蔡仲娟女士、广东园林学会插花专业委员会主任王绍仪女士、澳门花卉业商会会长周佩华女士、中国插花花艺协会理事王绥枝女士、浙江省风景园林学会插花艺术研究会副会长秦雷先生组成竞赛评审委员会，推举王莲英女士担任评审委员会主任。评审时间为2016年7月25日。

本次插花竞赛设置生活插花竞赛，下设玄关、书斋、蔬果3项，作品83件；婚庆插花竞赛，下设婚庆、花轿2项，作品14件。设置金奖10名、银奖14名、铜奖25名。

颁奖典礼

国际插花花艺竞赛评审组根据评审要求和设奖规定，对各类奖项进行评审，获得结果如下：本次竞赛将评出各类奖项87名，包括金奖8名、银奖11名、铜奖18名、优秀奖50名。

其中：曾鸿飞参展作品《圆满》、李昌贤参展作品《香远》、朱迎迎参展作品《果蔬圆舞曲》等6人获得居雅轩——生活插花（玄关、书斋、果蔬单项竞赛）金奖；杨浩参展作品《龙凤呈祥》、孙亮参展作品《爱的梦境》获得贺佳缘——婚庆插花（花轿、婚庆单项竞赛）金奖。

颁奖典礼后，中国插花花艺协会为评审组组长王莲英、组员秦魁杰颁发中国插花花艺事业终身成就奖。

评审与颁奖现场

相关活动

插花表演

本次世园会插花花艺竞赛国际花艺师表演将本次竞赛推向高潮，表演于7月27日进行，为期一天，在世园会综合展示中心B区内厅举办，免费面向游客、插花爱好者、参展选手开放。邀请久保数政（日本）、卡斯塔涅·雅克·艾伦（Castagne Jacques Alain，法国）、托内利耶·朱利安·皮埃尔·路易（Tonnellier Julian Pierre Louis，法国）、梁灵刚（中国香港）、周佩华（中国澳门）、陈冠伶（中国台湾）六位国际著名花艺师现场表演及教学。

首先登场的是日本插花花艺大师久保数政。久保数政是日本花艺设计师协会（NFD）原理事长，现任花阿弥株式会社董事长、亚洲花艺文化协会理事。他在欧洲学习花艺数年，深受德国自然风花艺设计思想的影响，从现场制作的3款颇具自然风格的花艺作品可以看出，他善于应用天然植物材料来表现自然风物。以木贼的茎编织造型，以金属网与植物纤维纸黏贴来表现水波和浪花，辅以白色香豌豆、铁线莲、白绿掌、嘉兰等花材，作品造型优美流畅，色彩清新淡雅，技艺精巧细致。另一款作品以铁线莲为主表现主题，作品中间模仿铁线莲芯的部分全部应用手工折纸制作，以淡紫色铁线莲为主花材，辅以线条柔美的白色马蹄莲，作品精致而轻盈。久保数政认为，自然花艺魅力在于能够顺应四季色彩，符合大自然的规律，把自然中的美景搬进室内，呈现出大自然中既生动又朴实的一面。

来自法国的卡斯塔涅和托内利耶均为法国顶级花艺大师，两人都曾获得法国最佳手工业者奖（Meilleur Ouvrier de France，简称MOF奖），并受到现任法国总统奥朗德的接见。此次，两位花艺师同台，运用花材色彩和材质营造

出温馨浪漫的氛围。值得一提的是，两人表演所用的材料均是废弃物或是其他花艺师剩余的花材，如废弃的木板、纸箱、铅丝、绣球试管以及松针、竹茎、朱蕉叶、荷叶、莲蓬、蒲棒等，经过裁剪、编织、粘贴、缠绕、喷漆等处理和花艺师的巧妙构思，呈现出6件精美的花艺作品，这种变废为宝的设计理念和处理手法，值得我们学习和借鉴。

最后，两位花艺大师用木板和纸板粘贴荷叶，并将其漆成两个向两侧弯曲延伸的红色架构。在架构弯曲曲线的内外两侧，以铺陈式手法加入粉红色系的绣球、草原龙胆、金丝桃果等花材；架构上部水平延伸部分用嘉兰、彩色马蹄莲、落新妇、菝葜等以红色系为主的线条形花材，使作品呈现方向性和动感。在两位花艺师各自完成看似镜像

一般的作品后，二人巧妙地将两个作品转动方向，组合在一起，然后在上部空间的中间加入朱蕉叶粘贴的球形装饰。一件造型优美，色彩喜庆的大型架构插花作品就展现于观众面前。大家被两人精心的构思、巧妙的设计、高超的技艺所折服。

来自澳门的周佩华是美国花艺设计师（AIFD）学会会员，作为中国插花花艺协会常务理事、澳门花艺设计师学会会长，她经常参加国内外重要花事展览展示活动。她非常善于应用不同造型的架构进行花艺设计创作，同时也极喜爱用澳门区花——荷花、荷叶及莲蓬等素材进行创作。表演作品中有3个大型架构花艺，其中以木片层叠粘贴的圆形架构，辅以轻盈跳跃的嘉兰，显得生机勃勃，被题名为"集香木自焚，复从死灰中更生"，火红色的嘉兰像是凤凰涅槃燃起的火焰，焚尽恩怨情仇，带来祥和、幸福，借作品对唐山寄予最美好的祝福。另一个大型架构作品，将莲蓬以铺陈的手法巧妙布满圆盘，经过修剪的小叶杜鹃枝条，如层云飘在莲蓬架构之上，黄色的石蒜活泼飘逸，莲子无瑕表现稚子之心，作品清新明快，富于装饰性，显示了她在现代花艺设计方面深厚的积淀和卓越的表现力，为观众提供广阔的设计思路和新颖的创意。

插花花艺高峰论坛

第二届中国插花花艺高峰论坛在唐山市园林局举办。论坛以"中国插花花艺的传承与发展"为主题，邀请国内插花行业11位知名学者，围绕我国插花花艺事业相关的文化、教育、发展等问题展开探讨。

中国插花花艺协会非物质文化遗产保护中心主任郑青以《非物质文化遗产语境中"传统插花"保护与发展探讨》为题，讲述了传统插花申遗过程以及近年来保护中心围绕非遗项目保护进行的一系列实践、探索与创新工作。

我国传统插花有着浓郁的地域特征，其中岭南插花受当地风土人情的影响，呈现出特有的艺术风格。中国插花花艺协会副会长、广州插花艺术研究会副会长唐秋子以《岭南插花风格与特征》为题，讲述了她对岭南插花的认识以及发展趋势的探讨。

花文化是插花艺术的重要支撑。北京林业大学插花花艺方向博士后贾军通过剖析牡丹的外在美和内在美，提出牡丹插花的创作要领："创作牡丹插花作品，要结合形式美与意境美，合理搭配容器和花材，巧妙构思，充分展现牡丹精神风貌。"

北京林业大学讲师袁琨以《基于构成学的插花空间形态生成》为题，介绍了构成学的起源及其对插花创作的指导作用。袁琨表示，运用构成学分析插花造型的历史演绎规律，研究不同插花作品的形态特征，总结出科学的表现形式，有利于指导现代插花花艺的创作实践。

竞赛总结

　　由中国插花花艺协会和2016唐山世园会执委办联合主办的国际插花花艺竞赛，于7月26至8月2日在唐山世园会综合展示中心B区举办，展区面积3000平方米，将展出国内外插花花艺作品136件/组。邀请来自法国、德国、日本、比利时的国际知名花艺师和来自北京、上海、广东、江苏、浙江、四川、香港、澳门、台湾等省市和地区的大师级花艺师，以及来自全国各地的百余位知名花艺师，共同打造了一场国际化、高水准的花艺盛事。

　　本次插花花艺竞赛作为唐山国际园艺博览会的一项重要活动，紧扣博览会主旨，遵循创新、人文、自然的设计理念，融汇传统与现代、东方与西方的精髓，以"花舞凤凰，梦牵世园"为主题，以"花"为形象，以"艺"为内涵，通过插花花艺竞赛、插花花艺表演以及插花花艺论坛3种形式，多角度、多层次地展示插花花艺发展的时尚理念和先进水平。

　　竞赛共分4个展区，各展区主题以"花艺带给我们的美好体验"为序列展开，即以人的活动体验进行叙事。在中国传统插花展区中"品国韵"，带您细细品味中国传统插花的独特魅力；在国内外花艺作品展区中"赏名萃"，让您欣赏到国内外著名花艺师的经典创作；在生活插花竞赛区中"居雅轩"，让您感受插花融入日常生活、走进家庭装饰的美妙；在婚庆插花竞赛区中"贺佳缘"，带您在浪漫的氛围中共同祝福良缘。

　　本次插花竞赛对生活插花竞赛83件作品，婚庆插花竞赛14件作品进行评审，评出各类奖项87名，包括金奖8

名、银奖11名、铜奖18名、优秀奖50名。

此外，7月27日国内外的花艺大师们将在现场为大家带来精彩绝伦的插花表演。7月28日在唐山市园林局举办的插花花艺论坛，围绕与我国插花花艺事业相关的文化、教育、发展等问题展开深入探讨。

国家发展和改革委员会农村经济司副司长、中国花卉协会副会长吴晓松先生在参观完本次竞赛后评价："这次的竞赛组织具有高质量的水准，无论是从环境的布置，主办方的服务还是各种细微的安排都体现出了一场国际性竞赛水平。另一方面，此次竞赛是中国元素和现代元素以及国际生活理念的一次综合展示，从不同视角、不同环境体现了环保概念，是一次比较高水平的比赛。"

吴晓松副会长一行参观本次竞赛

第七章

国际精品兰花竞赛

兰花

　　"气如兰兮长不改，心若兰兮终不移"，中国人历来把兰花看做是高洁典雅的象征，并与梅、竹、菊并列，合称"四君子"。通常以"兰章"喻诗文之美，以"兰交"喻友谊之真。也有借兰来表达纯洁的爱情，"寻得幽兰报知己，一枝聊赠梦潇湘"。自古以来中国人民爱兰、养兰、咏兰、画兰，古人曾有"观叶胜观花"的赞叹。人们更欣赏兰花以草木为伍，不与群芳争艳，不畏霜雪欺凌，坚忍不拔的刚毅气质，"芝兰生于深谷，不以无人而不芳"。

兰花的分类

　　我们这里所说的分类是指本届竞赛展出的两大类兰花——国兰与洋兰。在本次竞赛看到的兰花叶形优雅似宝剑，花朵芳香，梅瓣、荷瓣、水仙瓣，还有蝶瓣和奇花，色彩姿态各异，品种繁多，甚至数年以前，各路珍稀品种被炒作至几十万元、上百万元。如果以植物学分类的角度来说，这些都属于兰科（Orchidaceae）兰属（Cymbidium）的几个物种：春兰（*Cymbidium goeringii*）、蕙兰（*Cymbidium faberi*）、寒兰（*Cymbidium kanran*）、建兰（*Cymbidium ensifolium*）、墨兰（*Cymbidium sinense*）等我国传统的观赏兰系列，简称国兰，又称东方兰。兰科是植物界第二大植物家族，包含2万多成员。当代中国，除了以上"国兰"物种，兰科其他植物均可统称为"洋兰"，洋兰通常是指花大色艳、姿态秀雅的兰花种类，常见的有卡特兰（*Cattleya hybrida*）、大花蕙兰（*Cymbidium hybridum*）、蝴蝶兰（*Phalaenopsis aphrodite*）、万代兰（*Vanda*）、石斛兰（*Dendrobium nobile*）和文心兰（*Oncidium hybridum*）等。

学术上习惯将栽培应用的兰花分为国兰和洋兰，但其实植物分类学中并没有这样的划分，也不可狭义地理解为国兰就是中国的，洋兰就是外国的。国兰是兰科兰属的一部分种，洋兰则是兰科100多个属，有15000多个种的

春兰（上左）、寒兰（上右）、兜兰（下左）于卡特兰（下右）

总称；在植物习性上，洋兰和国兰最大的区别在于：国兰是地生兰，洋兰则主要是附生兰；国兰花色素雅，花香馨香震发，洋兰花色香艳，绝大部分无香味。

国兰发展史

中国传统名花中的兰花与花大色艳的热带兰花大不相同，没有醒目的艳态，没有硕大的花、叶，却具有质朴文静、淡雅高洁的气质，很符合东方人的审美标准。在中国有2000余年的栽培历史。据载早在**春秋末期**，越王勾践已在浙江绍兴的诸山种兰。古代人们起初是以采集野生兰花为主，至于人工栽培兰花，则从宫廷开始。**魏晋**以后，兰花从宫廷栽培扩大到士大夫阶层的私家园林，并用来点缀庭园，美化环境，正如曹植《秋兰被长坡》一诗中的描写。直至**唐代**，兰花的栽培才发展到一般庭园和花农培植，如唐代大诗人李白写有"幽兰香风远，蕙草流芳根"等诗句。宋代是中国艺兰史的鼎盛时期，南宋的赵时庚于1233年写成的《金漳兰谱》可以说是世界上第一部兰花专著；以兰花为题材进入国画的有如赵孟坚所绘之《春兰图》，已被认为是现存最早的兰花名画，现珍藏于北京故宫博物院内。**明清两代**，兰艺又进入了昌盛时期。随着兰花品种的不断增加，栽培经验的日益丰富，兰花栽培已成为大众观赏之物。艺兰发展至**近代**，随着我国人民群众生活水平的快速提高，国兰也由孤芳自赏的小众花卉成为老少皆宜的大众花卉。同时，随着我国国力的增强，中华民族文化在欧美以及世界其他地区的影响日益扩大，越来越多的人开始对国兰感兴趣。

国兰文化

兰花作为观赏植物不仅拥有广大的爱好者，而且成为诗歌、绘画和工艺品等寓意和表现的题材。自古以来，养兰、咏兰、画兰、写兰者来去匆匆，留下了大量的珍贵品种和墨宝。

中国文人及中华文化，非常推崇翠竹、红梅、青松。但是竹——清雅而无香，梅——花艳而无叶，松——叶苍而无花。唯兰花集竹、梅、松三者之优点于一身，朱德元帅曾有诗赞兰花："浅淡梳妆原国色，清芳谁及

胜兰花。"兰花具有清雅淡素、不与群芳争艳的花；有清馨幽远的香，被誉为"香祖""国香""天下第一香"，迄今为止，世界上尚未发现天然植物香料和人工合成香料中，有任何香味超过兰花者；有刚柔并济、婀娜多姿、四季常青的叶，被郑板桥赞为："风虽狂，叶不伤；品既雅，花亦香。"自古以来，我国人民就非常喜爱兰花，歌颂兰花的诗词歌赋，不胜枚举，形成了一种融华夏道德修养、人文哲理于赏兰、品兰之真谛的兰文化，正是"一株兰草千幅画，一箭兰花万首诗"。1987年在全国十大名花评选中，兰花仅次于梅花、牡丹、菊花，名列第四。

兰花典故

孔子与兰花

孔子十分喜欢兰花，由于他特别重视个人思想品质的修养，在兰花身上寄托了深切的感情，《孔子·家语》记载了孔子颂兰的一段佳话。孔子曰："与善人居，如入芝兰之室，久而不闻其香，即与之化矣；与不善人居，如入鲍鱼之肆，久而不闻其臭，亦与之化矣。丹之所藏者赤；漆之所藏者黑。是以君子必慎其所处者焉。"

竞赛方案

国际精品兰花竞赛是2016唐山世园会国际花卉竞赛第六场，是北方城市首次举办的兰花类国际展会，展出规模在历届世园会兰花展览中也独占鳌头，更是创新地将国兰与洋兰同时开展。本次兰花竞赛位于综合展示中心B区一层，面积3000平方米，展出千余盆兰花精品，以及20余个造型景观，共计植物用量10万余株。姿态优美，富于变化，芳香四溢的国兰与争奇斗艳、千姿百态、无奇不有的洋兰交相辉映，为游客与爱兰者搭建一个欣赏、交流、推广和弘扬兰花文化的大型交流平台，促进了中国兰花行业的发展。

竞赛主题：兰品荟萃，香沁世园

竞赛地点：世园会综合展示中心B区一层

竞赛时间：2016年8月31日至9月15日

参展办法

在2016唐山世园会国际竞赛组委会的领导下，由中国花卉协会兰花分会协助2016唐山世园会执委办园林园艺部统筹竞赛事宜，国内邀请广东、福建、香港、台湾等省市及地区，国际邀请日本、韩国等国家，共计44个优秀的兰花企业、科研院所、协会代表参展，并完成赛区规划、布展、养护、评比、颁奖等工作。

竞赛内容

◆ 国兰单株竞赛展区　　　◆ 洋兰单株竞赛展区　　　◆ 小型景观竞赛展区
◆ 大型景观竞赛展区　　　◆ 花艺组合盆栽竞赛展区　◆ 科普互动展区

国际精品兰花竞赛分设单株竞赛和景观布置竞赛2种。单株竞赛参赛作品800个，包括国兰（春兰、蕙兰、剑兰、墨兰、寒兰）、洋兰（文心兰、石斛兰、蝴蝶兰、卡特兰、兜兰、大花蕙兰、其他洋兰属）；花艺设计参赛作品30件；小型景观布置（3米×5米）参赛作品15个；大型景观布置（6米×6米）参赛作品6件，同时设置科普宣传展示区。

参赛要求及评分标准

◆ 国兰单株竞赛

参赛要求：

以兰花的整体姿态美、花容、花型、花色、茎叶品质、香型与独特性为主要竞赛标准。

1. 除线艺品种外，参评兰花必须带花。

2. 参评兰花须为3株以上（含3株）连体健康无病兰株。

3. 展品须标示兰种类别、品种名等信息，无品种名或评委认为名不符实时不予评审及授奖。

4. 参评兰花统一用组委会提供的参评标志牌，详细填写苗数、送展地区、送展人（评奖时遮盖）、品种名。科技兰需标明。

评分标准：

1. 独特性：品种新颖、独特，权重60%。

2. 香型：香味纯正，权重10%。

3. 开花状况：包括花容、花型、花色、花瓣。花型花色保持品种特性，各瓣比例协调，花色俏丽，婀娜多姿，权重10%。

4. 茎叶品质：叶面光滑油润、有光泽、无病虫害、无病斑，权重10%。

5. 整体姿态美与协调性：盆器美观，与植株协调，花莛高出叶面，飘逸舒展，韵味十足，给人以完整、端庄、秀丽之健康美，权重10%。

洋兰单株竞赛

参赛要求：

1. 作品须为健康植株，花朵应完好无缺，无污斑及变形；遭病、虫及病毒感染植株不得接受评审与授奖。如在长途运输中受损，但情形不影响原花风貌，经评委同意后可准予参评及授奖，多花性作品开花数必须过半，否则不予评审。

2. 作品必须为自然开放状态，如经评委发现花朵或花序遭明显或蓄意整形，不予评审及授奖。

3. 作品若已授粉，不得参加竞赛。

4. 作品若尚未全开或将近凋谢，不予评审及授奖。

5. 作品花序须完整，蓄意摘除花蕾或取其侧芽者，不予评审及授奖。

6. 参评作品子房不得有任何支撑固定物，作品花序排列为自然生长；多花性花梗支撑不得超过主花梗自然弯曲处第二朵花或第一分叉，花梗支撑物不得固定缠绕，应以给予扣分，情节严重者不予评审及授奖。

7. 原生种若自原生地采集仍可辨识其野生叶时，不予评审及授奖。

8. 作品参评登记应名副其实。原生种或杂交种，均须采用桑德氏目录（Sander's List）的登录名；无正确登录名或评委认为名不符实时不予评审及授奖。

参展单位汇总

序号	参展单位	序号	参展单位
1	三益集团北京三益园艺有限公司	23	广东省新丰县兰花协会
2	北京植物园	24	广东省兰花协会
3	中国林业科学研究院林业研究所	25	广东怡香兰花科技有限公司
4	长沙市兰花协会	26	广东省兰花协会
5	三亚市林业科学研究院	27	广东省农业科学院环境园艺研究所
6	三亚柏盈热带兰花产业有限公司	28	广东花卉杂志社有限公司
7	福建厦门和晟兰苑	29	广东金颖园林有限公司

序号	参展单位	序号	参展单位
8	福建省兰花协会	30	广东金颖花卉苗木有限公司
9	福建三明森彩生态农业发展有限公司	31	广东远东国兰股份有限公司
10	福建连城兰花股份有限公司	32	广东省汕头市澄海区莲华镇人民政府
11	山东省大地绿植科技研究中心	33	汕头市兰花协会
12	济南幽兰花卉苗木专业合作社	34	点彩园艺
13	山东省兰花科技研究所	35	台湾高雄市国兰协会
14	山东省兰花协会	36	台湾珍宝兰园
15	青岛市兰石阁兰苑	37	台湾台大兰园
16	湖北省兰花协会	38	台湾兰花育种者协会
17	江苏徐州市苏兰花卉科技有限公司	39	台湾东锦兰园
18	贵州黔西南州绿缘动植物科技有限公司	40	台湾芳美兰园
19	东莞市农业科学研究中心	41	台湾高雄市杉林区花卉产销第三班
20	广东省翁源县兰花协会	42	香港兰艺会
21	中山市兰花协会	43	日本春兰联合总会
22	中国兰花交易网	44	韩中兰花文化交流协会

评分标准：

1. 独特性：品种新颖、独特性，权重60%。

2. 香型：香味纯正，权重10%。

3. 开花状况：包括花容、花型、花色、花瓣。花型花色保持品种特性，各瓣比例协调，花色俏丽，婀娜多姿，权重10%。

4. 茎叶品质：叶面光滑油润、有光泽、无病虫害、无病斑，权重10%。

5. 整体姿态美与协调性：盆器美观与植株协调，花莛高出叶面，飘逸舒展，韵味十足，给人以完整、端庄、秀丽之健康美，权重10%。

◆ **花艺和景观布置竞赛**

参赛要求：

1. 以兰花为主体，每件作品兰花不得少于80%，绿色观赏植物不超过20%。

2. 每件作品须有2个属，8株以上的兰花组成。

3. 作品可选择搭配绿叶植物或其他装饰物，仅限本人在展馆现场制作。

4. 作品须标示主题，主题含义不得有不良或不健康信息。

◆ **兰花景观布置竞赛**

参赛要求：

1. 景观作品必须以兰花为主体。

2. 所用花材新鲜、无枯萎、无残败。

3. 小型景观（3米×5米）兰花植株在200株以上；如用切花制作，切花数量须达到500枝以上。

4. 作品必须标示主题，主题含义健康向上。

评分标准：

1. 外观表现：整体色调和谐，所用资材适当、协调，设计新颖有创意，具有高雅格调与吸引力，权重10%。

2. 主题寓意：主题具有展示力与活力，寓意深刻具有意义，权重25%。

3. 花材运用：以兰花为整个作品的主体，兰花保持新鲜并具有良好的品质。使用兰花的品种及数量丰富，花材搭配协调、醒目，权重20%。

4. 展示效果：创意及效果展现明显统一，细节处理效果完善，权重15%。

5. 努力程度：在作品创意和制作方面做了很大的努力，作品制作严谨认真，权重10%。

奖项设置

本次菊花竞赛设置单株、景观两大项，五小项竞赛。分别为国兰单株竞赛、洋兰单株竞赛、小型景观竞赛、大型景观竞赛、花艺组合竞赛。其中，国兰单株竞赛27家单位参展，参赛作品600余盆；洋兰单株竞赛12家单位参展，参展作品200余盆；花艺设计竞赛16家单位参展，参赛作品约30盆；小型景观布置（3米×5米）有15家单位参展，参赛作品15个；大型景观布置（6米×6米）有6家单位参展，参赛作品6个。设置金奖46项，银奖92项，铜奖218项。竞赛各奖项数量、奖金可根据参赛作品数量按比例适当调整，具体作品数量以实际为准。

评奖时间：2016年8月30日。

颁奖时间：2016年8月31日。

评审办法

成立竞赛监督委员会。由中国花卉协会展览部处长刘雪梅、河北省花卉协会副秘书长梁素林、唐山世园会执委会副主任张海组成国际花卉竞赛监督委员会，职责是监督国际竞赛各项赛事的评审工作，确保评审过程中公平、公正、公开，各项相关工作顺利进行。

2016唐山世界园艺博览会国际竞赛组织委员会在唐山组织召开了国际精品兰花竞赛的评审会，邀请兰花分会副会长兼秘书长，广东省农业科学院环境园艺研究所党总支书记朱根发先生（左六），云南野生花兰花收藏基地有限公司董事长刘忠贵先生（左五），四川省农业科学院园艺所研究员何俊蓉女士（左三），广东远东国兰有限公司董事长陈少敏先生（右六），中国花卉协会兰花分会副会长刘清涌先生（左四），中国林业科学研究院林业研究所花卉研究室主任、研究员王雁女士（右五），中国热带农业科学院热带作物品种资源研究所研究员尹俊梅女士（右四），北京

评审委员合影

植物园研究员张毓女士（右三），云南省林业科学院研究员蒋宏先生（右二）组成竞赛评审委员会，推举朱根发老师担任评审委员会主任。

布展方案

设计单位

广东省农业科学院环境园艺研究所

项目背景

2016年唐山世界园艺博览会——国际精品兰花竞赛，布展于唐山世园会综合展示中心B区一楼，展馆可用面积约3300平方米，布展景观占地约1500平方米，游客在馆饱和量约600人。展馆共分为6个区：大型景观竞赛区、小型景观竞赛区、国兰品种竞赛区、花艺组合盆栽竞赛区、洋兰单株竞赛区、科普互动区。

本次竞赛设计布置沉稳大气又热烈奔放，时尚明快且不失传统，为大家创建了一个欣赏兰花、交流兰花、推广兰花和弘扬兰文化的大型活动平台，向全世界展示了兰花产业的全方位发展，同时将显著促进我国兰花行业的国际交流和合作。

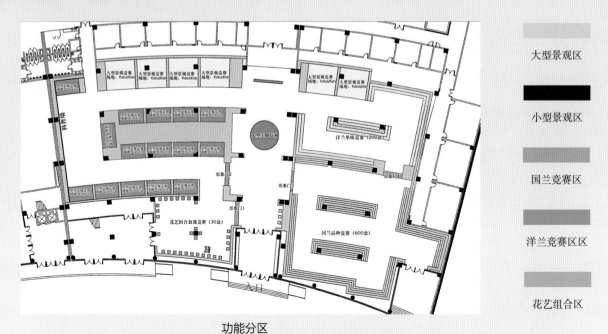

大型景观区

小型景观区

国兰竞赛区

洋兰竞赛区区

花艺组合区

功能分区

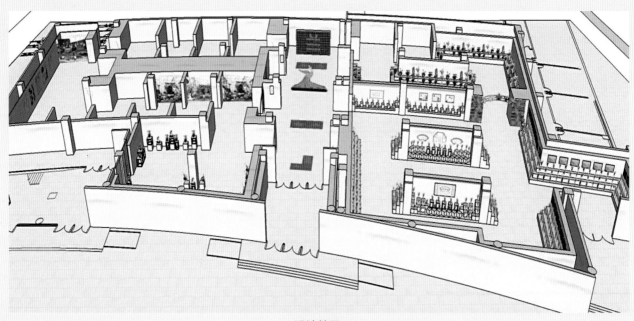

设计效果

场馆入口

主入口处以绿墙为主，在绿墙中用洋兰拼出国兰叶子造型，突出兰花主题；入口门厅左侧介绍参展单位名单，包括国外、内地及港澳台参展单位；入口门厅右侧以"兰品荟萃，香沁世园"为主题的展馆介绍，并列举竞赛流程。

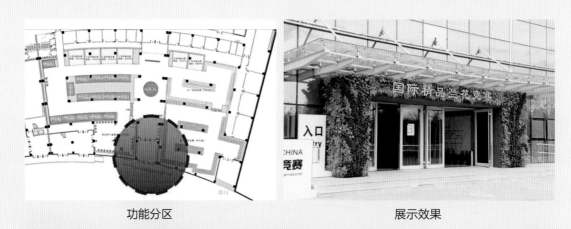

功能分区　　　　　　　　　　　　　　　　　　展示效果

主通道景观区

场馆主通道由南向北依次设计石斛兰形象门、文心兰形象门、大型主题景观——凤凰涅槃、兰花对景景观——蝴蝶兰形象墙。

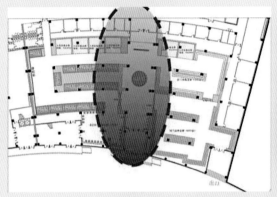

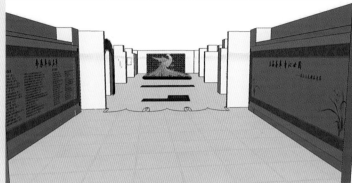

功能分区   设计效果

展示效果

兰花景观竞赛区

展馆西北侧为兰花景观竞赛区，以景观造型竞赛为主，有大型景观竞赛6个，每个展位大小为6米x6米，小型景观竞赛15个，每个展位大小为3米x5米。

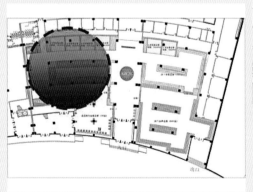

功能分区

设计效果

◆ 小型景观区

参展单位：北京植物园

主　　题：绽放的生命

大千世界，生命总是以各种姿态呈现在我们眼前。瞧，枯木上、小溪边、岩石旁那些生机盎然、悠然盛开的兰花儿们，她们都在以各自的方式演绎着生命的姿态：热情奔放的万代兰、悠然自得的莫氏兰、清新可爱的指甲兰、俏皮欢快的秋石斛、超凡脱俗的兜兰，姿态是如此之美，生命在此刻得到了绽放。

参展单位：台湾芳美兰园

主　　题：兰韵仙景

万物在地球成长，幸运的人们与兰花结缘，这次的景观用流水结合山景、水池及各式各样的兰花，创造出美丽的仙景，净化心灵，能让参访的民众内心无比的感动。

参展单位：香港兰艺会

主　　题：兰舞世园　香飘大地

翩翩起舞的文心兰，摇曳生姿的蝴蝶兰，色彩缤纷的石斛兰，争奇斗艳，共舞于世园大会上，大地弥漫着花香。

参展单位：三亚市林业科学研究院

主　　题：以兰"蕙"友　相约北纬18°

成长的岁月，相约的一刻，淡淡的兰香在灿烂的海边流淌，而沙滩上的足迹早已不见，但依然是静静的蓝天；北纬18°的想念，海底般深深的牵挂，依然在静等你的归来。

参展单位：山东大地绿植科技研究中心

主　题：花艺造型　品质生活

　　品质生活的景观是结合现代人的生活理念，搭配时尚而具有现代感的花卉造型，打造精致、具有品位的生活方式。组合盆栽在荷兰花艺界还有"活的花艺，动的雕塑"之美誉，随着社会的发展，由于人民生活水平的提高，单一品种的盆栽花卉因为传统及色彩单调，已经满足不了市场的需求从而产生了组合盆栽。

参展单位：广东省东莞市农业科学研究中心

主　题：穿越

　　兰花从远古走来，穿越整个人类历史，见证了人类的诞生和成长。兰花文化历经战争烽火，亘古长河，激励着一代代胸怀高尚的英雄志士，谱写历史光辉的篇章。她的优雅芬芳伴随着世界人民穿越历史的时空隧道，留下璀璨的星光。

参展单位：中国兰花交易网

主　题：网络传播国兰文化

　　中国兰花交易网——目前国内最大兰花网络零售商圈、网上兰花交易、兰花交流（兰友社区）、兰花百科（兰花资料库）。覆盖了全国绝大部分兰花网购人群，占据本行业和兰花周边产品网购市场98%以上市场份额，访问量和交易量连续稳居全国兰花网站之首。

参展单位：广东省兰花协会

主　题：庭院深深　幽兰飘香

　　想象自己捧一卷书，品一杯茗，悠然端坐在这样典雅的小院中，思绪跟随着兰花的清香回到古代的诗情画意中去，听雨打芭蕉扣动你的心弦，观素兰花开花落悟人生哲理，何其快意！

参展单位：广东省农业科学院环境园艺研究所

主　　题：斑斓花境

高低错落的蝴蝶兰和文心兰吊球仿佛从天而降，与陶罐里"流淌"而出的多彩蝴蝶兰交相呼应，碧绿的散尾葵和缠绕的常春藤为之增添些许动感，创造出动静结合、层次跳跃的斑斓花境。加上蓝天白云的衬托，更充满了生命的活力和热闹。

参展单位：广东花卉杂志社有限公司

主　　题：浪漫初恋

此景观就像一位温柔明媚的女子，身着蝴蝶兰点缀的舞裙，白色鹅卵石是她纯洁飞舞的裙角，在日出黎明之时、在惬意午茶之后抑或在夕阳西下的傍晚时分，安静地等待一位与她惺惺相惜的知己，一起享受当下时光的岁月静好。

参展单位：广东金颖园林有限公司

主　　题：兰之林

好一处青翠山林，奇花异草夹道，翠林含情，风吹阵阵，兰香飘逸，令人陶醉。吾欲信步而行，观赏自然之意。

参展单位：广东金颖花卉苗木有限公司

主　　题：花之古韵

仿佛丁香一样的姑娘将油纸伞遗忘在此，引人遐想，留下诗歌般的古韵和书香……国兰画面、火红的中国结、古典花窗营造出古风古色的氛围，烘托出该景观中心兰花古典韵味，赋予其复古情怀，让人流连忘返，久久沉醉。

参展单位：广东远东国兰股份有限公司

主　　题：枯木逢春·绿 凤凰过禅·喜

景观采用枯山水的造景手法，用岩石、沙砾、兰花等绿植营造出山水风光，达到无山而喻山，无水而喻水境界。极简景致，看似了寂，实则万千，砂砾是尘化的生命，是唐山人民深沉的心；线条是能量的聚集与流动，衍生新生的力量，借此表达唐山与唐山人民经历过风雨，参透生死，凤凰涅槃，如兰花甘于深谷，一日花开，王者香。

参展单位：台湾台大兰园

主　　题：芳兰流泻

以兰花流泻为主体概念，由高至低架构出兰花似长发、似水瀑、似水潺，由弧形的线条抛物出兰花的轻盈，由蜿蜒的末梢展延出兰花的静谧，再由绿色的植物铺陈大地，建构出动静皆宜的平衡展，展现出大自然循环不息的生机。

参展单位：台湾东锦兰园

主　　题：兰得一见

在15平方米的小天地里，除了常见的蝴蝶兰、文心兰、石斛兰外，还有难得一见奇特的原种兰花，在这小天地里绽放，共襄盛举。

◆ 大型景观区

参展单位：北京三益集团

主　　题：兰谷情系世园

幽幽兰谷情深深，开开心心逛世园。感谢2016唐山世界园艺博览会，让大家在都市一样可以感受到大自然的魅力。炎炎夏日，娇艳的兰花，搭配清爽的绿植，犹如陶渊明的桃花源记，风光明媚、远离尘嚣，更可置身于其中，自得其乐，在绿草如茵上嬉戏、万紫千红的兰花中追逐，使心情愉悦、欢乐、雀跃！

参展单位：济南幽兰花卉苗木专业合作社

主　题：孔子兰文化馆

孔子是兰文化的创始人，在兰的自然属性与儒家的人格特征之间找到了呼应和契合，确立了兰文化与儒家人格的内在联系，奠定了兰文化的丰富内涵。

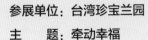

参展单位：台湾珍宝兰园

主　题：牵动幸福

源始于浩瀚，寓圆之中，牵动万物，碰撞人与人的情感，交汇所有生命，爆裂出无数火花到飞灭，过程多变且自然，但终究是幸福的演绎。

参展单位：台湾兰花育种者协会

主　题：兰姿蝶舞

使用大量、缤纷的蝴蝶兰作为主体，展现出丰富的画面，明亮的群组兰花在层层高升的架构上，佐以清新的草木作为陪衬，给人娟兰闹绿生机蓬勃的喜悦感，在桃花源中的花团锦簇，在结庐人境中的青翠的草原，生生而永不止息，兰花置身其中的秀丽、轻盈、幸福姿态，仿佛蝴蝶在空中舞出娇美，营造出健康清新的浪漫景观。

参展单位：三亚柏盈热带兰花产业有限公司

主　题：中国文化，三国演义

通过京剧脸谱艺术展示代表人物刘备、关羽、张飞的神韵和风采，配以鲜花、美景，形象地再现三兄弟在桃园结义的誓言，诠释刘备、关羽、张飞的兄弟情谊，表达三兄弟深受众人敬仰的忠诚品质和正义精神，真实地向观众展示出中国流芳千古的伟人事迹和品德故事，恰到好处地契合着不同品种的兰花所表现出的形象特征，成为世界各国了解中国文化的美丽窗口。

参展单位：福建厦门和晟兰园
主　　题：涅槃

经过40年不懈努力，唐山人用自己勤劳的双手，在废墟上建造出一个更加美丽幸福的唐山，如凤凰涅槃，我们谨以这小小的景观，向伟大的唐山人民致敬！

花艺组合竞赛区

展馆西南侧为兰花花艺组合盆栽竞赛区，以兰花为主体、绿色观赏植物以及其他装饰为组合的微小型盆景造型，数量30个。

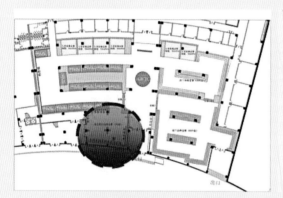

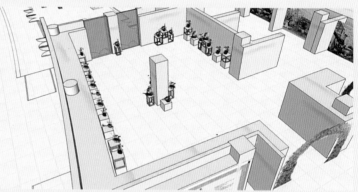

功能分区　　　　　　　　　　　　　　　　　设计效果

展示效果

盆栽组合展品鉴赏

枯荣与共 馥馥幽兰香飘远 光芒四射

画 枯木逢春 大展宏图

舞 争春 破茧而出

腾飞 丰富满兰 一帘幽梦

国兰单株竞赛区

　　展馆东南侧为国兰单株竞赛区，以国兰（春兰、建兰、墨兰、寒兰、蕙兰等）单株竞赛为主，搭配兰花书画文化渲染，数量600余盆。

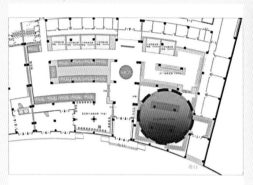

功能分区

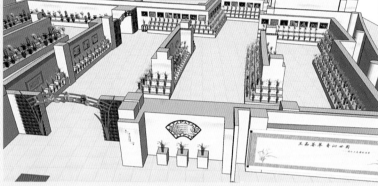

设计效果

展示效果

国兰展品鉴赏

'新春梅水晶' '雪山' '守龙门' '彩云飞' '彩凤'

'翠玉牡丹' '黄一品' '金荷' '君荷' '浏阳荷'

'市长红' '四季皱皮荷' '白凤' '藏龙' '达摩'

'红太阳' '红运' '翠玉牡丹艺' '土楼菖蒲' '中透'

'龙袍' '双喜' '莲瓣线艺' '海龙王'

洋兰单株竞赛区

展馆东南侧为洋兰单株竞赛区,以洋兰(蝴蝶兰、文心兰、石斛兰、卡特兰、兜兰、大花蕙兰等)单株竞赛为主,搭配兰花书画文化渲染,数量200余盆。

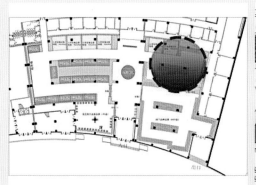

功能分区

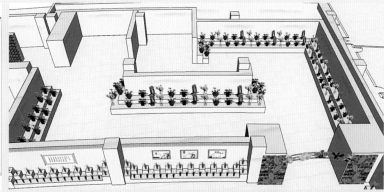

设计效果

展示效果

洋兰展品鉴赏

'贝丽娜'　　　　　'金橘'　　　　　'圣诞红'　　　　　'羊角蝴蝶兰'　　　　　'黑美人'

'亨利'　　　　　'巧花兜兰'　　　　　'长瓣兜兰'　　　　　'3G'　　　　　'阿诺'

'艾伦阁'　　　　　'金华山'　　　　　'剑叶石斛'　　　　　'绿苹果'　　　　　'娜拉'

'B01'　　'多花斑被兰'-巨斑被兰　'管叶槽舌兰'-槽舌兰　'酷伯足柱兰'-足柱兰　'郁金香兰'-郁香兰

'约翰迪必'-万代兰　　　　'章鱼兰'　　　　'锥花树兰'-树兰　　　　'黄色喜悦'-锦花兰

评审颁奖

竞赛评审

本次国际精品兰花竞赛设置5项竞赛。分别为国兰单株竞赛、洋兰单株竞赛、花艺组合盆栽竞赛、小型景观布置竞赛、大型景观布置竞赛。设置金奖46名，银奖92名，铜奖218名，优秀奖若干。根据2016唐山世界园艺博览会精品兰花竞赛评审要求和设奖规定，对国兰单株竞赛 27 家参赛单位的600多盆国兰；洋兰单株竞赛12家参赛单位的200多盆洋兰；花艺设计竞赛16家参赛单位；小型景观布置竞赛15家参赛单位；大型景观布置竞赛6家参赛单位。共对44家参赛单位的参赛作品进行了评审。

颁奖典礼

国际精品兰花竞赛评审组根据评审要求和设奖规定，对各类奖项进行评审，获得结果如下：本次竞赛将评出各类奖项691名，包括金奖46名、银奖92名、铜奖218名、优秀奖335名。

其中，大型景观布置竞赛中，福建厦门和晟兰苑参展作品《涅槃》获得金奖；小型景观布置竞赛中，台湾东锦兰园参展作品《兰得一见》、北京市植物园参展作品《绽放的生命》获得金奖；花艺组合盆栽竞赛中，中国林业科学院林业研究所、北京植物园、台湾芳美兰园获得金奖；广东翁源县兰花协会、广东中山兰花协会、中国兰花交易网等10家单位获得国兰单株竞赛金奖；台湾芳美兰园、北京植物园、中国林业科学院林业研究所等6家单位获得洋兰单株竞赛大奖。

中国花卉协会秘书长刘红在会后接受采访中说到："幽谷出幽兰，秋来花婉婉。兰花文化历史悠久，相信此次唐山国际精品兰竞赛一定会为大家创建一个欣赏兰花、交流兰花、推广兰花和弘扬兰文化的大型活动平台，向全世界展示了兰花产业的全方位发展，同时将显著促进我国，特别是北方兰花行业的国际交流和合作。"

国兰与洋兰单株竞赛评审现场

颁奖典礼现场

中国花卉协会秘书长刘红会后接受采访

相关活动

科普宣传

分为7个部分。兰花是自然界赋予人类最美的礼物，第一部分简要介绍兰花的原生种、栽培品种、产地、商品化生产等情况；第二部分兰花的形态，介绍了兰花的根、叶、花、茎、果实及种子，让市民了解兰花，认识兰花；第三部分兰花分类，向市民介绍了兰花的分类方法，了解兰花的基础知识，更好的辨别兰花；第四部分兰花的命名，介绍了兰花的原生种、杂交种是如何定名的；第五部分国兰与文化，介绍国兰的九大种、国兰的历史沿革及国兰的文化内涵；第六部分兰花介绍，介绍了地生兰20种、附生兰33种、腐生兰3种，从而让市民直观地了解常见的观赏兰花、药用兰花。

兰花文化展示

自古以来中国人民爱兰、养兰、咏兰、画兰，古人曾有"观叶胜观花"的赞叹。人们更欣赏兰花与草木为伍，不与群芳争艳，不畏霜雪欺凌，坚忍不拔的刚毅气质，"芝兰生于深谷，不以无人而不芳。"兰花历来被人们当做高洁、典雅的象征，与梅、竹、菊一起被人们称为"四君子"。通过展示名人关于兰花的书法及字画（拓本），向游客展示兰花传统文化内涵。

展示效果

竞赛总结

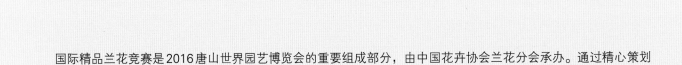

　　国际精品兰花竞赛是2016唐山世界园艺博览会的重要组成部分，由中国花卉协会兰花分会承办。通过精心策划竞赛内容，设计展示形式，组织国内外兰花生产企业、科研院所、贸易、文化等团体共44家单位参展，国兰和洋兰同台竞秀，全面展示兰花产业面貌和最新成果，是中国北方城市首次举办且规模最大的国际兰花展会。

　　此次竞赛及展示位于世园会综合展示中心，面积3000平方米。以"兰品荟萃、香沁世园"为主题，设计布置以"凤凰涅槃"为基调，采用大量文心兰、蝴蝶兰、石斛兰等鲜切花对展馆进行装饰，并对展区功能进行了精心策划，以"国兰单株竞赛""洋兰单株竞赛""小型景观竞赛""大型景观竞赛""花艺组合盆栽竞赛""科普互动展示"等六大内容为载体，通过造景、盆栽、花艺组合、切花等形式展出兰花共计五万余株，8月31日至9月15日全程对公众开放，接待参观游客近8万人次。

　　本次国际精品兰花竞赛对国兰单株竞赛 27 家参赛单位的600多盆国兰；洋兰单株竞赛12家参赛单位的200多盆洋兰；花艺设计竞赛16家参赛单位；小型景观布置竞赛15家参赛单位；大型景观布置竞赛6家参赛单位进行了评审。评出各类奖项691名，包括金奖46名、银奖92名、铜奖218名、优秀奖335名。

　　2016唐山世园会国际精品兰花竞赛真正将兰花的文化精髓与时代精神有机结合，充分展示了兰花在产业种植、园林环境、文化创意等领域的应用，搭建了欣赏兰花、交流兰花、推广兰花、弘扬兰花文化的大型活动平台，促进了我国特别是北方兰花行业的国际交流与合作。

菊花

　　菊花是中国十大名花之一，花中"四君子"（梅兰竹菊）之一，也是世界四大切花（菊花、月季、康乃馨、唐菖蒲）之一，产量居首，它具有丰富的种下变异，与月季共誉为世界两大花卉育种奇观。菊花的栽培形式颇多，主要有盆菊和艺菊两种：盆菊分为多头菊、独本菊、案头菊；艺菊分为小立菊、大立菊、悬崖菊、塔菊、龙菊等。中国人深爱菊花，因其具有多姿多彩的形态和丰富的文化内涵，自古有陶渊明的"采菊东篱下，悠然见南山"，孟浩然的"待到重阳日，还来就菊花"的名句，赋予了菊花吉祥、长寿的含义，更体现了"清寒傲雪、高风亮节"的品格和顽强的生命力。

悬崖菊

大立菊

多头菊

案头菊

菊花发展史

名优菊花品种'绿牡丹'

名优菊花品种'帅旗'

根据经典的记载，中国栽培菊花历史已有3000多年。最早的记载见之于《周官》《埤雅》。从周朝至春秋战国时代的《诗经》和屈原的《离骚》中都有菊花的记载。《离骚》有"朝饮木兰之堕露兮，夕餐秋菊之落英"之句。说明菊花与中华民族的文化，早就结下不解之缘，在秦朝的首都咸阳，曾出现过菊花展销的盛大市场，可见当时栽培菊花之盛了。**汉朝**《神农本草经》记载："菊花久服能轻身延年。"当时帝宫后妃皆称之为"长寿酒"，把它当做滋补药品，相互馈赠。这种习俗一直流行到三国时代。"蜀人多种菊，以苗可入菜，花可入药，园圃悉植之，郊野火采野菊供药肆"。从这些记载看来，中国栽培菊花最初是以食用和药用为目的的。**晋代**陶渊明爱菊成癖，曾广为流传。他写过不少咏菊诗句，如"采菊东篱下，悠然见南山""秋菊有佳色，浥露掇其英"等名句，至今仍脍炙人口。当时上大夫慕其高风亮节，亦多种菊自赏，并夸赞菊花是"芳熏百草，色艳群英"。**南北朝**的陶弘景将菊花分为"真菊"和"苦薏"两种。茎紫、气香而味甘，叶可作羹食者为真菊；青紫而大，作蒿艾气，味苦不堪食者名苦薏，非真菊也。这对菊花的认识又进了一步。**唐朝**菊花的栽培已很普遍，栽培技术也进一步提高，采用嫁接法繁殖菊花；并且出现了紫色和白色的品种。这时，菊花从中国传到日本，得到日本人民的赞赏。之后他们将菊花与日本若干野菊进行杂交，而形成了日本栽培菊系统。**宋朝**栽培菊花更盛，随着培养及选择技术的提高，菊花品种也大量增加，这是从药用而转为园林观赏的重要时期。刘蒙的《菊谱》是最早记载观赏菊花的一本专著，记有菊花品种26个。明朝栽菊技术又进一步提高，菊花品种又有所增加，菊谱也多了起来。如黄省曾、马伯州、周履臣等人都著有《菊话》。在黄省曾的《菊谱》中记载了220个菊花品种。李时珍的《本草纲目》和王象晋的《群芳谱》对菊花都有较多记载。清朝的菊花专著更多，有陈溟子《花镜》、刘灏《广群芳谱》等。**清朝**菊花品种日益增多，在乾隆年间还有人向清帝献各色奇菊，乾隆曾召集当时花卉画家邹一桂进宫作画，并装订成册，在文人中画菊题诗，也蔚然成风。**中华人民共和国**成立后，随着园艺事业的发展，菊花也经历了曲折历程而日益发展壮大。菊花的栽培历史，是中国花卉园艺发展的一部分。近年来，在继承前人经验的基础上，提高栽培技术，采用杂交育种、辐射诱变、组织培养等新技术，不仅提高了菊花的生产质量，并使品种数量剧增，据不完全统计已经达7000个品种以上。大立菊一株可开花5000朵以上，案头菊、盆景菊的发展，更提高了菊花的观赏价值。一些省（市）还选菊花为省（市）花，如北京市。相继召开全国性的学术讨论会，或成立菊花协会、出版菊花书刊，每年举办菊花展览会，大大普及了菊花知识和交流了艺菊经验，为中国的菊花栽培、应用，开拓了广阔前景。下图为1960年北京邮票厂发行的一套18枚名优菊花品种邮票，依次为：'黄十八''金牡丹''绿牡丹''冰盘托桂''二乔''大如意'。

菊花纪念邮票

中国菊花传入欧洲，约在**明末清初**开始，1688年荷兰商人从中国引种菊花到欧洲栽培，1689年荷兰作家白里尼曾有《伟大的东方名花——菊花》一书。18世纪中叶，法国路易·比尔塔又将中国的大花菊花品种带到法国。19世纪英国植物学家福琼（Fortune）曾先后在中国浙江省舟山群岛和日本引入菊种，并进行杂交育种，从而形成英国菊花各色类型。不久，又由英国传至美国。从此，这一名花遍植于世界各地。中国的栽培菊花也就成为今天西洋菊花的重要亲本。

菊花文化

菊花在文明古老的华夏已有3000余年的历史，最早是用来指示物候，发展到药用、饮食及文化，在我国源远流长的艺菊、赏菊、品菊、咏菊、画菊的传统中，菊花及其文化也以其独特的魅力在中国传统文化中占据着重要的地位。菊花不断地融入到人们的生活与文化中，形成了独具特色的审美意识，培养了人们雅洁高尚的情操、品德素养和民族气节，并最终发展成为丰富文化意蕴和独特文化特点的菊文化。

在丰富的物态文化基础上，又因为菊花傲霜绽放、抱香独立、高洁隐逸、不同俗流等特质正好与儒家所推崇的教义相符合，因此，文人墨客把对菊花的赞美反映在诗歌、小说、戏曲等多种艺术形式上，通过这些承载了人们对菊花的认知和感情的作品来表达自己的高洁与坚贞。菊花上升到一种文化意象，最早在屈原的《离骚》中就有"朝饮木兰之坠露兮，夕餐秋菊之落英"，通过描述事物的美好来衬托诗人的高尚品德；陆游也有"菊花如端人，独立凌冰霜"；还有明代诗人高启的《晚香轩》中写到"不畏风霜向晚欺，独开众卉已凋时"，无数的诗人都通过歌颂菊花来表达自己人格追求的信仰和处世隐逸的情怀。

当今社会对菊花的认知

由于菊花隽丽多姿、花色丰富、形态各异，具有极高的装饰作用，因而菊花被广泛地应用于节庆节日，成为了重大节庆日装点的必用花种。像国庆节、劳动节、中秋节、春节等传统重大节日或者是奥运会等重大活动也都用菊花进行装饰美化。例如2008年奥运盛会，会场周边栽植了近百种菊花，这许多的花原本10月开放，但经过我国园艺工作者辛勤的培育，用科学方法进行引诱、控制，使它们随人意在8月吐艳，在奥运会开幕之际，笑迎八方宾客。另外，一些商务或者正式的仪式上，由于菊花华而不俗、气质高贵、品种众多、花色丰富，用菊花布置的会场既美丽大方也显得格外的庄重，因而也受到了人们的广泛欢迎。2015年为纪念抗战胜利70周年，北京在天安门广场及长安街沿线花卉布置所用的花卉都是我国自主培育的新品种，近10万盆。特别值得一提的是通过园艺工作者选育的菊花新品种，色彩多变、株型各异、淡雅脱俗，对营造清新优美环境提供了积极的支撑，满足了追求简约、时尚的现代都市人的需求。现代的菊文化逐渐产生了富有生态文明特征意义的菊文化。

竞赛方案

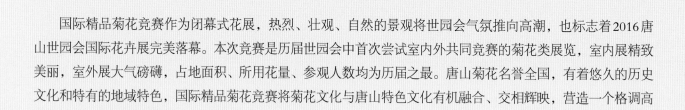

　　国际精品菊花竞赛作为闭幕式花展，热烈、壮观、自然的景观将世园会气氛推向高潮，也标志着2016唐山世园会国际花卉展完美落幕。本次竞赛是历届世园会中首次尝试室内外共同竞赛的菊花类展览，室内展精致美丽，室外展大气磅礴，占地面积、所用花量、参观人数均为历届之最。唐山菊花名誉全国，有着悠久的历史文化和特有的地域特色，国际精品菊花竞赛将菊花文化与唐山特色文化有机融合、交相辉映，营造一个格调高雅、内容丰富的菊花盛宴。

竞赛主题：秋香菊韵，醇美世园

竞赛地点：世园会综合展示中心B区一层（室内）；丹凤朝阳广场雕塑园（室外）

竞赛时间：2016年9月25日至10月16日

参展办法

　　在2016唐山世园会国际竞赛组委会的领导下，由中国风景园林学会菊花分会协助2016唐山世园会执委办园林园艺部统筹竞赛事宜，完成赛区规划、养护、评比、颁奖等工作；国内邀请北京、上海、天津等37个城市代表参赛，国际邀请日本、荷兰、比利时、哥伦比亚4个国家优秀的菊花产业代表，共计42家单位参加竞赛和展览，向唐山人民展示内容丰富、布展精致、多姿多彩的菊花美。

竞赛内容

◆ 栽培技术竞赛　　◆ 新品种培育竞赛　　◆ 景观布置竞赛

◆ 盆景造景　　　　◆ 文化科普展示

　　国际精品菊花竞赛分室内外两部分。展览、竞赛以国内为主，设4个大项8个小项的全国性竞赛。其中，栽培技术竞赛包括：盆景菊、切花菊、案头菊、品种菊、盆栽小菊等；新品种培育竞赛包括：切花菊、品种菊、盆栽小菊等；景观布置竞赛包括：以菊花为主的大型组合盆栽与切花菊相结合的景观景点布置竞赛。盆景造景是以菊花盆景为主材的造景作品竞赛。

参赛要求及评分标准：

◆ 品种菊竞赛

参赛要求：

1. 每一个参赛单位必须至少有5个品种参赛，否则不予评比。

2. 参赛植株必须是扦插或组织培养繁殖，单株栽培的原盆。

3. 每一品种各单位限送一盆参赛品种菊容器内径在 20 厘米以内。

评分标准：

1. 品种特征：生长健壮，株型完美，茎、叶、花与容器体量及色彩协调，充分表现出品种特征，权重 25%。

2. 搭配：花姿、花色、花朵充分表现出品种特征。多头菊花期整齐，花朵大小、高矮一致，分布均匀，权重 25%。

3. 形态：茎直立，节间分布均匀，粗细与高度适当，权重 25%。

4. 叶型：叶型正常、叶片舒展，叶色正、无脱叶，权重 25%。

◆ 盆景菊竞赛

参赛要求：

1. 盆景菊竞赛分大型、小型两类：大型盆景菊株高不得低于 80 厘米，盆长必须在 80 厘米以下；株高低于 80 厘米的为小型盆景菊，盆长必须在 50 厘米以下。

2. 参赛作品不能带有支撑与绑扎物。

评分标准：

1. 主题立意：主题明确，命题恰当，权重 30%。

2. 造型：造型能反映出题意、构图优美、株干苍劲古朴，权重 30%。

3. 协调性：植株与容器体量及色彩协调，权重 20%。

4. 花材：选配花朵疏密有致、花色纯正、花期适当，权重 20%。

◆ 景观布置竞赛

参赛要求：

1. 景观布置必须以菊花为主体。

2. 所用花卉必须是生长健壮、无病虫、无残败枝叶的优质花卉。

3. 要有主题和文化内涵。

评分标准：

1. 整体效果：展台布置要求主题明确、设计新颖，构图优美、展品体量及色彩协调，权重 40%。

2. 品种：种类多样，植物材料以菊花为主，且必须有 30 个以上品种，权重 35%。

3. 施工：施工工艺细致，硬质材料比例小于 30%（不包含背景），权重 25%。

◆ 菊花盆景造景艺术竞赛

参赛要求：

1. 菊花盆景造景布置必须以菊花为主体。

2. 所用花材必须是生长健壮、无病虫、无残败枝叶的优质花卉。

3. 主题明确，表现形式与主题相吻合，有一定的文化内涵。

评分标准：

1. 整体效果：菊花盆景造景要求主题明确、设计新颖，构图优美、展品体量及色彩协调，权重 40%。

2. 品种：种类多样植物材料以菊花盆景为主，数量必须在 30 盆以上，大小搭配，权重 35%。

3. 施工施工工艺细致，硬质材料比例小于 30%（不包含背景），权重 25%。

参展单位汇总

序号	参展单位	序号	参展单位
1	北京市公园管理中心天坛公园管理处	22	开封前方园艺有限公司
2	北京市花木有限公司	23	开封市金菊花木种植有限公司
3	北京市天卉苑花卉研究所	24	开封市铁塔公园
4	北京市崇文门花店	25	福州市西湖公园
5	北京西郊花圃	26	郑州市人民公园
6	北京市南郊花圃	27	开封市风景园林文化研究所
7	北京花乡花木集团有限公司	28	开封市金象园林绿化工程有限公司
8	燕赵园林工程景观有限公司	29	山东济宁李谨菊花种植有限公司
9	大丽芙（北京）花卉有限公司	30	荆门市风景园林工程有限责任公司
10	北京市菊花协会	31	唐山市园林绿化管理局
11	上海市绿化和市容管理局	32	河北佰亿特农业科技有限公司
12	上海共青国家森林公园	33	南通菊艺绿化景观有限公司
13	天津市水上公园管理处	34	中山市小榄镇菊花文化促进会
14	天津市菊花协会	35	中山市小榄镇宣传文体服务中心
15	天津老年人大学	36	高占祥菊花摄影展
16	南京农业大学园艺学院	37	美科尔（科普）生物科技有限公司
17	太原市园林局	38	THE ELITE FLOWER S.A.S.C.I.
18	开封市汴京公园	39	Deliflor Chrysanten B.V.
19	开封市盛开花卉园艺有限公司	40	爱知丰明花卉流通协同组合
20	开封市腾达五色草园艺有限公司	41	Fides（Dummen Orange）
21	开封菊花高新科技产业文化发展有限公司	42	Gediflora

奖项设置

　　本次菊花竞赛设置4大项，10小项竞赛。4大项分别为栽培技术竞赛、新品种培育竞赛、景观布置竞赛、菊花盆景竞赛。其中，栽培技术竞赛包含盆景菊、品种菊、案头菊、切花菊、盆栽小菊；新品种培育竞赛包含品种菊、切花菊、盆栽小菊竞赛；景观布置竞赛是以菊花为主的大型组合盆栽与切花菊相结合的景观布置，分为室内和室外两个部分；盆景造景竞赛是以菊花盆景为主材的造景作品竞赛。竞赛共设置大奖60名，金奖117名、银奖116名。竞赛各奖项数量、奖金可根据参赛作品数量按比例适当调整，具体作品数量以实际为准。

评审委员合影

　　评奖时间：2016年9月24日。

　　颁奖时间：2016年9月25日。

评审办法

　　成立竞赛评审委员会。国际花卉竞赛组织委员会邀请中国风景园林学会顾问、中国风景园林学会菊花分会名誉会长张树林女士（右四）为评委会组长；由中国风景园林学会菊花分会顾问、原杭州市园林文物局巡视员朱坚平先生（左二），中国风景园林学会菊花分会副会长、中国菊艺大师叶家良先生（左四），北京园林学会秘书长徐佳女士（左一），中国风景园林学会菊花分会专家王静女士（左三）组成专项竞赛评审组。

室外展区

设计单位

北京市花木有限公司

室外展区项目背景及设计说明

2016年唐山世界园艺博览会——国际精品菊花竞赛室外展区集中展示大型菊花景观，位于世园轴线中的主题广场西侧，可用场地面积36000平方米，规划展区面积约10000平方米。以凤凰为主要元素，"凤舞世园"为景观主题，以流畅飘舞的凤翎为地被景观设计理念，沿线各节点花坛及小景点为翎眼，使展区有亮点又能有序衔接。色系以欢快热烈的红、黄色系为主，和世园会期间欢快热烈的大氛围协调呼应。根据现有场地合理布局和把控，依据展会主题，为不同类型的展品提供最优展示方案，同时又能在总体布局上形成主线。

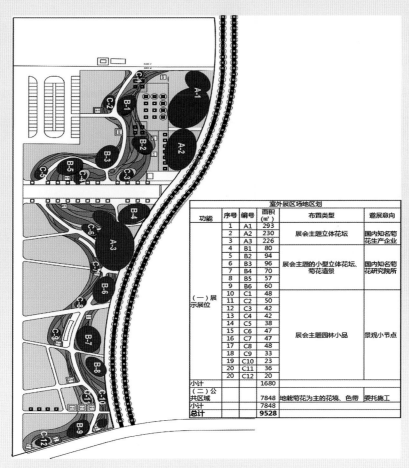

室外展区场地区划					
功能	序号	编号	面积（m²）	布置类型	邀展意向
（一）展示展位	1	A1	293	展会主题立体花坛	国内知名菊花生产企业
	2	A2	230		
	3	A3	226		
	4	B1	80	展会主题的小型立体花坛、菊花造景	国内知名菊花研究院所
	5	B2	94		
	6	B3	96		
	7	B4	70		
	8	B5	57		
	9	B6	60		
	10	C1	48	展会主题园林小品	景观小节点
	11	C2	50		
	12	C3	42		
	13	C4	42		
	14	C5	38		
	15	C6	47		
	16	C7	47		
	17	C8	48		
	18	C9	33		
	19	C10	23		
	20	C11	36		
	20	C12	20		
小计			1680		
（二）公共区域			7848	地栽菊花为主的花境、色带	委托施工
小计			7848		
总计			9528		

室外展区规划及说明

大型展会主题立体花坛

在主路观赏线制作3个中心立体花坛，造型新颖，构图优美，创作原则要展示唐山地域文化，具有一定的文化内涵，同时展现菊花在立体花坛布置中的运用。

参展单位：北京市花木有限公司

以花卉苗木生产、经营、科研以及市政工程设计、施工为主体的大型综合性公司，是全国十佳花木种植企业。公司一直承担着国庆天安门广场、长安街等重大节日花卉布置任务，多次代表北京市参加各类国际花卉展赛和比赛，屡获殊荣。

作品名称：红楼菊韵

作品以大观园的"藕香榭"建筑、红楼人物为主体，菊花树、池水、远山等元素作背景，借助唐山的皮影戏人物造型，展现了《红楼梦》中第三十八回"林潇湘魁夺菊花诗，薛蘅芜讽和螃蟹咏"的故事。通过立体花坛的形式再现红楼人物秋季在藕香榭赏菊花、吃螃蟹、作菊花诗的真实场景，将菊花展览与《红楼梦》文学故事相结合，体现了我国源远流长的菊花文化。

采用皮影造型与菊花裱扎造型相结合的手法，用一棵壮丽而多彩的造型树和气势磅礴的花山，使花坛整体空间更加开阔。右侧的皮影造型与传统文化元素相结合，既展现了唐山独有的文化底蕴与魅力，又将赏菊和菊花文化相结合，充分展现了现代生活的美丽画卷。背景采用园林造景中的堆山手法，设计新颖，是菊花造景超高技艺的体现。

设计效果

展示效果

参展单位：天坛公园

天坛，位于北京市南部，东城区永定门内大街东侧，占地约273万平方米，世界文化遗产，全国重点文物保护单位，国家AAAAA级旅游景区，全国文明风景旅游区示范点。

作品名称：花漫京城

方案选取了北京城墙、天坛建筑剪影、推铁环的小姑娘、菊花等元素进行植物造景，表现了城墙下孩子们正在嬉戏的生活场景。

设计效果   展示效果

参展单位：上海市共青森林公园

共青森林公园位于上海市杨浦区，全园总占地1965亩，是以森林为主要景观的特色AAAA级景区，共种植200余种树木，总数达30多万株。公园分为南北两园，南北园风格各异，北园着重森林景色，有丘陵湖泊草地，南园则小桥流水一派南国风光。

作品名称：花样年华

作品设计以海派文化作为传承，在满园风华正茂的菊花中，景点用旗袍为主线，选取旗袍盘扣作为景点主要表现元素，代表上海一种城市记忆，展现上海独有的味道和对传统的尊重。

设计效果

展示效果

中型展位菊花造景

在游路沿线布置6个面积50~100平方米的展区，用于室外菊花造景。展位结合菊文化主题展开。

参展单位： 北京市花木有限公司

作品名称： 满树繁花

该作品运用小花型菊花培植成主干粗壮道劲的树桩式菊花盆景，展示出中国传统菊艺制作的精湛手法，菊桩形态饱满，造型生动，展现出满树繁花的活力与美感。同时结合多种不同品种的菊花作为地被，色彩明艳，

种类丰富，营造出热烈欢快的氛围，使人身处其中仿佛置身于菊花的海洋。

作品名称： 祥龙飞腾

作品将菊花与龙的造型完美结合，祥龙盘旋而上，黄色小菊覆盖龙身，体现出一飞冲天的气势和奋发向上的力量。地被采用了品种各异的菊花，颜色鲜艳，交相辉映，更加烘托出祥龙腾飞的盛景。

参展单位：开封市风景园林文化研究所

作品名称：塔韵

开封菊花甲天下，据史书记载，开封菊花历史悠久，北宋时期养菊之风就十分盛行，菊花的数量、品种、栽培技术皆达到相当的高度；如今在开封历代养菊人的努力下，菊花品种和栽培形式越来越多，如大立菊、小立菊、艺菊、悬崖菊、盆景菊、九头菊、十六头菊等独步天下，培育出挺拔玉立的塔菊，"高"为全国之最；展览园中的立状雕塑也很好地与塔菊造型产生呼应。

展示效果

参展单位：广东中山小榄

小榄镇是广东省中山市的重镇。有菊城的美誉。小榄菊花会是菊文化的最集中的汉族传统民俗活动，它有中原与岭南汉族民间菊花文化融合的遗存。小榄菊花会以花为媒，以菊会友，技艺精巧，规模宏大，构成了独具一格的汉族民间传统的综合性花会。

作品名称：金秋菊韵 凤凰来仪

造景中，用唐山世园会吉祥物凤凰花仙子在岭南传统的棋盘大立菊造型上以及绚丽的菊花海洋中翩翩起舞，充分体现了世园会的构思理念，突出了"都市与自然，凤凰涅槃"的主题。本组景总高7.8米，直径8米，按岭南大立菊的裱扎方式，即一花一竹，顶圈为6朵，往下每圈增加6朵，有六六大顺、六六无穷之意。

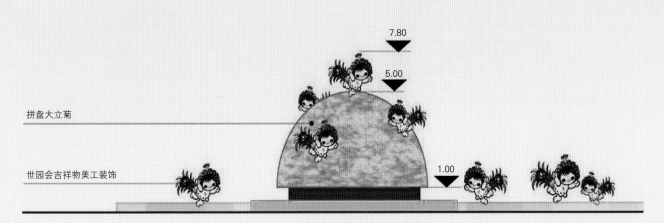

设计效果

展示效果

参展单位：山东济宁李瑾菊花种植有限公司

李瑾，济宁市任城区人，有着近40年的菊花种植经验，被誉为济宁菊花大王。2014年成立济宁李瑾菊花种植有限公司，公司主营菊花新品研发、种植销售、苗木销售、园林绿化工程设计及施工等业务。

作品名称：吉祥三宝

此景点以菊花、碧玉、中国结为元素，是中国传统菊文化、玉文化以及传统工艺等经典国粹的再现，展示了菊花技艺、立体造景和传统工艺合理、巧妙的融合。主要以各种菊花为主要材料，充分显示出传统名花——菊花在园艺艺术中的重要作用。

设计效果

展示效果

小型景观节点菊花造景

为丰富室外展园的景观层次，展示区内选择次要交通节点布设50平方米以下园林小品。该区域布展以菊花造景或菊花制作的园林小品为主要形式。统一设计、统一施工，展现菊花造型技艺的传承及发展以及新菊花运用形式。

展示效果

公共环境布置

以主游线周围展开公共环境布置，将各展位有机串联。以大尺度的花卉布置营造欢快热烈的会展氛围，主要以色带、花境为主要布置形式，植物材料选择以菊花为主（65%面积比）草花为辅（35%面积比）。植物配置主要体现以下几点：色彩明快、对比强烈；展现园林绿化中不同类型菊花的地栽运用形式；园林绿化中的菊花育种成果展示及运用示范。

展示效果

室内展区

规划设计单位

北京市崇文门花店

北京市崇文门花店隶属于北京城建集团花木公司，成立于1956年，是一家具有悠久经营历史和良好信誉保证的专业化老字号花店。多年来，花店一直承担着中央、国务院各大部委、办公厅和北京市委、市政府大型政治活动、外国驻华使馆、驻华机构及社会团体用花任务，曾先后参与完成"第十一届亚运会""九七香港回归""北京申奥""国庆庆典"及毛泽东、周恩来、邓小平等老一辈革命家逝世治丧等政治用花工作；花店及员工多次参加国际、国内插花艺术大赛，并获得优异成绩。

室内展区项目背景及设计说明

2016年唐山世界园艺博览会国际精品菊花竞赛室内展区集中展示品种菊及中小型景观，布展于唐山世园会综合展示中心B区一楼，展馆可用面积约3300平方米，布展景观占地约1500平方米，游客在馆饱和量约600人。室内展区整体分为3部分：景观展示区、展台展示区、专类展品区。其中，景观展示区共有北京、荆门等7个参展单位进行室内景观布置；展台展示有唐山、天津展台展示以及科普展示区；专类展品区有插花花艺与切花展示区、新品种展示区、艺菊展示区、大小菊盆景展示区、小菊展示区、案头菊展示区、标本菊展示区等7个分区。

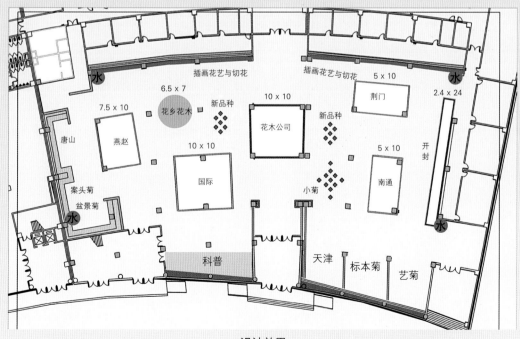

设计效果

参展单位：北京市花木有限公司

作品名称：一帘幽梦

作品汲取标本菊花瓣排列的韵律美，别出心裁地通过中间花心结构与外框结构的透视关系打造出只属于
"你"的最佳位置，站在此观赏点上，作品将呈现出一朵完整的菊花造型。外围结构时尚而含蓄，透过层层色彩
递进，进一步加强节奏韵律感，主色选用红与黄色搭配表现喜庆热烈气氛，再以橙色过渡，共同演绎菊花的古韵
新妆。

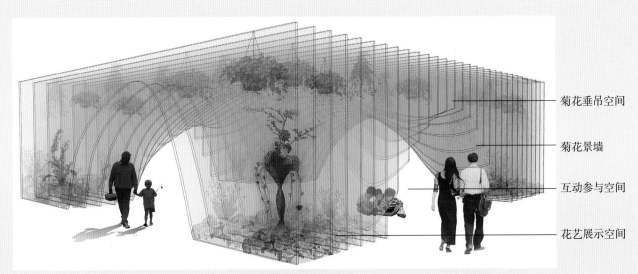

菊花垂吊空间

菊花景墙

互动参与空间

花艺展示空间

设计效果

展示效果

参展单位：北京市崇文门花店

作品名称：星月夜

作品构思源自荷兰著名画家凡·高的名画《星空》，全场布景分三个层次展开，前景画框、画架；中景月亮与星
云；背景山体与星空。以木条编织花艺结构，模拟凡·高特有的小笔触画风，结合灯光与菊花形成星夜流动的轨迹，
再搭配暗场灯光效果，使画面呈现出立体的奇幻景观。

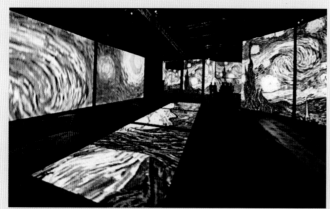

设计效果

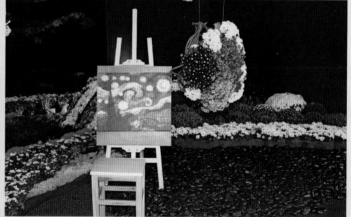

展示效果

参展单位：唐山市园林绿化管理局

作品名称：菊·话

　　"宁可抱香枝上老，不随黄叶舞秋风"，整个展区展现一副有诗、有菊、有景、有情、有联想的画作。"菊·话"反过来为"话菊"，同"画菊"。满园的菊花和秋天的黄叶营造清雅静谧的意境，突出了菊花迎霜怒放的高尚精神。设计上应用什锦菊、悬崖菊、案头菊、独本菊等多种菊花栽培方式，展现了菊花丰富的文化内涵；更以燕山、滦水为背景，展示唐山菊花大师培育的燕山系列、滦水系列、唐宇系列等品种，向人们诉说菊花文化在唐山的继承与发展。

展示效果

参展单位：燕赵园林绿化有限公司

燕赵园林绿化有限公司位于廊坊，于1999年4月成立，在公司发展壮大的10多年里，主要经营园林绿化、美化，销售花木、花肥、花药，观赏动物驯养，园林庭院水暖安装，是廊坊城市绿化管理行业内知名企业。

作品名称：妙笔生花

菊花文化在中国有着悠久的历史，所以我们把此室内展台设计的主题定为虚实结合的菊艺世界。主体是一个画轴的形式，背景配以黑白山水国画，意在向人们缓缓地展示出美丽的景观看点。画轴中间开辟出一个地块，放置仿古亭、水体和山石等来衬托菊花等主要的植物，做成一个微缩虚拟的菊艺世界，展示菊花在中国源远流长的文化。同时开辟出一条单向行走的园路，供游人的行走、观赏及拍照，让人们近距离地来体验美景，观赏菊花。

设计效果

展示效果

参展单位：北京花乡花木集团有限公司

北京花乡花木集团有限公司组建于2001年，是隶属于北京草桥实业总公司的集团型园林花卉企业，主要从事花卉苗木生产销售、园林绿化设计施工、大型室内外租摆、鲜花花艺工程等相关业务。目前已建成北京世界花卉大观园、长阳国际高尔夫球场、奥运花卉配送中心等旅游、观光、研发、生产、销售、服务一条龙的产业链。

作品名称：菊韵京华

本方案灵感来源于中国传统红灯笼与北京城传统的大宅门造型，红灯笼吉祥喜庆，烘托节日氛围，大宅门体现北京特色。选取朱红色与金黄色为主色调，庄重大气，正如北京城的气质。灯笼主体处处饰以菊花元素，与本次菊展盛会相呼应。方案寓意为菊花的高洁气韵像灯笼一般，照亮整个城市，为城市增光添彩。主体结构表面用植物纤维材料覆盖，符合展览对植物材质占比的要求。中心放置组合绿雕，造型为三座山峰，意为"蓬莱、瀛洲、方丈"三仙山。山上置以菊花的绿雕装饰，有明月祥云为伴。其下搭配以菊花为主的花坛组合，比拟茫茫大海，缥缈仙境，引人遐思。

设计效果　　　　　　　　　　　　　　　　展示效果

参展单位：南通菊艺绿化景观有限公司

南通菊艺绿化景观有限公司位于南通，是以菊花生产销售、菊花保种繁育、大型菊花景点工程为主，集生产、销售、设计、施工于一体的专业性菊花培育企业。由数位中国菊艺大师带领的40多名工作人员组成的团队，拥有1600多个品种，超过全国现有品种的一半之多，自育新品种100多种，被视为我国菊花珍稀品种中的"绝密档案"。

作品名称：南山南

菊花是南通市花，每年秋天，南通都要举办菊花展览。南通有着悠久的菊花种植历史，30多年来，南通菊艺大师们默默地研究着菊花栽培技艺，菊花品种类型不断丰富，艺术造型不断创新。"旧时东篱堂前花，已入寻常百姓家"，赏菊饮酒使通城人品尝幸福的滋味。此次送展的菊花穿越了秋风，凌空舒袖，将在展览中展现她娇柔妩媚的身姿！

设计效果

展示效果

参展单位：天津市水上公园管理处

天津市水上公园自1973年起开始培育菊花，至今已43年。全国现有菊花品种约1000种，水上公园保存的菊花品种达650种之多，每年杂交育种新品种菊花40余种，菊花栽培技术名列全国前茅。

天津市水上公园菊花新品种的培育工作得到全国专家的一致好评，尤其是重点培育的珍稀菊花品种——绿菊，观赏价值高，品种多，在国内首屈一指，多次在全国擂台赛获得"菊王"称号。

展示效果

展示效果

参展单位：南京农业大学园艺学院

南京农业大学菊花课题组现有教师16人，其中教授6人，副教授3人，在读博硕研究生100余人，是农业部农业科研杰出人才及其创新团队和江苏省现代农业产业技术创新团队。建有中国菊花种质资源保存中心，收集保存切花菊、盆栽菊、地被菊和茶用菊、食用菊等各类品种及近缘种属资源约5000份。在菊花种质资源搜集、保存和新品种选育及菊花标准化生产技术等研究领域具有特色和优势。

参展单位：荆门市风景园林工程有限责任公司

荆门市风景园林工程公司是由市园林局、市花卉协会、市园林科研所共同入股兴建的具有二级施工资质的企业，目前公司经过几年的发展，现已有苗圃基地3000余亩、温室基地40多亩，公司年产值达5000多万元。

作品名称：菊娃迎宾

正值唐山人民纪念抗震胜利40周年和举办"世园会"，恰逢十月底第十二届中国菊花展在荆门举行。本景点以第十二届中国（荆门）菊花展吉祥物"菊娃"为象征，欢迎全国业界和海外菊花界朋友相聚荆门，以花会友，共庆盛世。

设计效果

展示效果

参展单位：开封园林菊花研究所

作品名称：汴梁八景

　　开封古称汴梁，中国历史文化、书法、菊花名城，优秀旅游城市。北宋在此建都168年，名胜古迹众多。"汴梁八景"是古都名胜的精华：金池夜雨，当时赛船夺标的生动写照；汴水秋声，张择端《清明上河图》中汴河秋景；州桥明月，《水浒传》青面兽杨志卖刀地；相国霜钟，相国寺内铜钟；繁台春色，台高地回出天半，了见皇都十里春；梁园雪霁，秀莫秀于梁园，奇莫奇于吹台；铁塔行云，登铁塔顶层顿感祥云缠身；隋堤烟柳，汴河之堤。

设计效果

展示效果 ①

艺菊及盆景菊展示区

　　本区域主要展示盆栽菊花，包括：造型菊、悬崖菊、十样锦、盆景菊、大立菊等。

展示效果

科普文化展示区

插花花艺展示区

品种菊竞赛区

'彩胡青阳'

'凤凰振羽'

'甫孙画韵'

'琥珀凝翠'

'滦水雅桂'

'滦水雨森'

'泥金醉莲'

'晴云冷翠'

'太平红叶'

'燕山晨光'

'缀佩湘裙'

'紫轩'

案头菊竞赛区

'国华越山'　　　　'滦水金凤'　　　　'滦水婧桂'　　　　'麦浪'

'瀑水流冰'　　　　'秋结晚红'　　　　'一品红'　　　　'玉云酬秋'

盆栽小菊竞赛区

'白露紫胭'　　　　'白露金华'　　　　'绚秋莲华'　　　　'炫秋星光'

切花菊竞赛区

多头菊'绿乒乓'　　　　多头菊'粉妍'　　　　无　　　　无

无　　　　　　　　　无　　　　　　多头菊'马蒂斯'　　　　多头菊'西尔威亚'

评审颁奖

竞赛评审

本次国际菊花竞赛设置4大项，10小项竞赛。其中，栽培技术竞赛有34家单位的380件作品参赛；新品种培育竞赛有8家单位的75件作品参赛；景观布置竞赛有14家单位的17件作品参赛，分为室内和室外两个部分；盆景造景竞赛有3家单位的3件作品参赛。

颁奖典礼

国际精品菊花竞赛评审组根据评审要求和设奖规定，对栽培技术竞赛373件作品、新品种培育竞赛72件作品、景观布置竞赛17件作品、菊花盆景竞赛1件作品，总计35家参赛单位463件参赛作品进行了评审。获得结果如下：本次竞赛共评出各类奖项243名，包括特别大奖1名，大奖43名，金奖102名、银奖97名。

其中，景观布置竞赛中，北京市花木有限公司参赛作品《一帘幽梦》获得本次精品菊花竞赛唯一特别大奖，唐山市园林绿化管理局、北京市公园管理中心、天坛公园管理处、上海市绿化和市容管理局等5家单位获得金奖；盆景造景竞赛中，开封市风景园林文化研究所获得金奖；新品种培育竞赛中，唐山市园林绿化管理局、天津市水上公园管理处、南京农业大学园艺学院等5家单位获得大奖；栽培技术竞赛中，开封市金菊花木种植有限公司、郑州市人民公园、开封市汴京公园等14家单位获得大奖。

中国风景园林学会菊花分会名誉会长张树林在本次竞赛开幕式上说到："唐山是中国菊花名城。菊花傲霜怒放、尽展风骨的优秀品质，象征着唐山人民生生不息、顽强拼

中国风景园林学会菊花分会名誉会长张树林会后接受采访

搏的奋斗精神。绿水青山就是金山银山，希望唐山市能够借助本次世界园艺博览会将城市生态优势转化为发展优势，推动供给侧改革，创新生态供应链，促进绿色大发展。"

评审及颁奖现场

竞赛总结

　　国际精品菊花竞赛以"秋香菊韵，淳美世园"为主题，作为闭幕式花展，标志着2016唐山世园会完美落幕。本次菊展是历届世园会中首次尝试室内外共同竞赛的菊花类展览，室外展位于丹凤朝阳广场西侧雕塑园，紧邻设计师园，赛区整体面积达10000平方米；室内展位于综合展示中心B区一层，面积3000平方米，室内展精致美丽，室外展大气磅礴；展出时间自9月25日持续到10月16日，由于受到了广大游客热切关注及一致好评，室外景点菊花景观持续展到世园会闭幕后1个月。本次展赛占地面积、所用花量、参观人数均为历届之最。

　　本次竞赛由中国风景园林学会承办，设置了栽培技术竞赛、新品种培育竞赛、景观布置竞赛、盆景艺术造型竞赛四大类菊花项目。活动从463件参赛作品中评选出精品菊花竞赛各类奖项243名，包括特别大奖1名、大奖43名、金奖102名、银奖97名。

　　唐山市送展的作品'墨萍''金猴戏春''碧海金风''泉乡两色''浪漫'荣获栽培技术竞赛大奖，作品'晴波泛翠''唐宇秋实''滦水奇葩'荣获栽培技术竞赛金奖，作品'黄小菊''金陵笑靥''绚秋黄莺''奥运之花'荣获栽培技术竞赛银奖，作品'燕山虹光''泥金醉莲''滦水雅桂'荣获新品种竞赛大奖，作品'萧孙花韵''燕山秋霜''滦水雨森''缀佩湘裙'荣获新品种竞赛金奖，作品'金佩明珠''滦水晚霞''滦水金凤、'燕山紫霞'荣获新品种竞赛银奖，作品'菊·话'荣获景观布置竞赛大奖。

此次室外竞赛及展示在丹凤朝阳广场雕塑园，面积10000平方米；室内竞赛及展示在综合展示中心B区，面积3000平方米；通过造景、盆栽、切花等形式展出菊花300余个品种，共计20万余株，全面展示了我国菊花产业发展现状和趋势。9月25日至闭幕期间全程对公众开放，接待参观游客近60万人次。2016唐山世园会国际精品菊花竞赛通过集中竞赛，形成有一定宏观效果的室内外展示景观，丰富展会看点。室外景点会期后保留，成为园区永久性景观。

全国政协副主席兼秘书长张庆黎等一行在2016唐山世界园艺博览会闭幕式阶段参观菊展室外展区

盆景

　　盆景是中华民族优秀传统艺术之一。它以植物、山石、土、水等为材料，经过艺术创作和园艺栽培，在盆中典型、集中地塑造大自然的优美景色，达到缩龙成寸、小中见大的艺术效果，同时以景抒怀，表现深远的意境，犹如立体的美丽的缩小版的山水风景区。盆景的主要材料本身即是自然物，具有天然神韵。其中植物还具有生命特征，能够随着时间推移和季节更替，呈现出不同景色。盆景是一种活艺术品，是自然美和艺术美有机结合。盆景是呈现于盆器中的风景或园林花木景观的艺术缩制品。经匠心布局、造型处理和精心养护，能在咫尺空间集中体现山川神貌和园林艺术之美，成为富有诗情画意的案头清供和园林装饰，常被誉为"无声的诗，立体的画"。

盆景发展史

　　盆景源于中国。1972年在陕西乾陵发掘的唐代章怀太子墓（建于706年）。甬道东壁绘有侍女手托盆景的壁画，是迄今所知的世界上最早的盆景实录。宋代盆景已发展到较高的水平。当时的著名文士如王十朋、陆游、苏东坡等，都对盆景作过细致的描述和赞美。元代高僧韫上人制作小型盆景，取法自然，称"些子景"。明清时代盆景更加兴盛，已有许多关于盆景的著述问世。"盆景"一词，最早见于明代屠隆所著的《考槃余事》。20世纪50年代以后，盆景制作在公共园林、苗圃和民间家庭有了很大的普及，并成立了盆景协会，经常举办盆景园和盆景艺术展览等。

中国盆景流派简介

海派盆景：

以上海为中心的海派盆景，广泛吸取了国内各主要流派的优点，还借鉴了海外盆景的造型技法，创立了师法自然、苍古如画的海派盆景，在布局上非常强调主题性、层次性和多变性，在制作过程中力求体现山林野趣，重视自然界古树的形态和树种的个性，努力使之神形兼备。

岭南盆景：

以"花城"广州为中心的岭南盆景，有数百年历史。受岭南画派的影响，旁及王山谷、王时敏的树法及宋元花鸟画的技法，创造了以"截干蓄枝"为主的独特的折枝法构图，形成"挺茂自然，飘逸豪放"特色。

川派盆景：

以成都盆景为代表，包括重庆等地的盆景。川派盆景有着极强烈的地域特色和造型特点。其树木盆景，以展示虬曲多姿、苍古雄奇特色，同时体现悬根露爪、状若大树的精神内涵，讲求造型和制作上的节奏和韵律感。

苏派盆景：

苏派盆景以树木盆景为主，古雅质朴，老而弥坚，气韵生动，情景相融，耐人寻味。摆脱传统的造型手法，注重自然，型随桩变，成型求速。摆脱了过去成型期长、手续繁琐、呆板的传统造型的束缚。

扬派盆景：

扬派盆景受高山峻岭苍松翠柏经历风涛"加工"形成苍劲英姿的启示，依据中国画"枝无寸直"画理，将枝叶剪扎成枝枝平行而列，叶叶俱平而仰，如同飘浮在蓝空中极薄的"云片"，形成层次分明，严整平稳，富有工笔细描装饰美的地方特色。

竞赛方案

　　为了举办一届精彩难忘的2016唐山世界园艺博览会，同时为了提高唐山市民间盆景的创作技艺和鉴赏水平，促进市民对盆景艺术的参与互动，以彰显世园会"中华特色、八方荟萃"的办会宗旨，在2016唐山世界园艺博览会举办期间开展唐山市的盆景交流暨竞赛活动，参展作品全部公开面向唐山市盆景爱好者和花木企业征集，举办一届具有南北特色、创新艺术风格的大中小型盆景盛会。

　　由2016唐山世园会执委办、唐山市城市管理局主办，唐山市园林绿化管理局、唐山市风景园林协会承担2016唐山世界园艺博览会盆景竞赛项目执行工作。此次室外展位于国内园盆景专项园，紧邻江南园，地理位置优越，展区整体面积达556平方米，于世园会开幕至闭幕期间全程对公众开放。

竞赛主题：造化天然，艺术世园

竞赛地点：世园会国内园盆景专项园

竞赛时间：2016年4月29日至10月16日

竞赛内容

◆ 树桩盆景展示　　　◆ 山水盆景展示　　　◆ 小微盆景展示

参展办法

　　本次活动委托2016唐山世界园艺博览会执委办公室新闻宣传部通过世园会官网及市级媒体发布征集信息，承办单位根据申请报名情况，筛选出参展作品，根据参展作品类别进行评审，获奖作品颁发证书，并给予一定物质奖励。盆景展共分三个批次进行，每批次展览时间约为50天，两个批次中间用6天进行展品更换及展厅维护。

参赛要求

以树桩盆景、小微盆景、山水盆景为主，以奇石为辅；风格明显，造型严谨而富于变化。

1. 树桩盆景，高120厘米以下，从盆面算起至顶端高度；盆长120厘米以下。悬崖造型，从盆边算起，飘长120厘米以内。

2. 山水盆景，盆长150厘米以内。

3. 小微盆景，以组合单元为件，树高25厘米以下。

奖项设置

本次盆景竞赛设置四项竞赛。分别为山水盆景竞赛、树桩盆景竞赛、小微盆景竞赛、奇石盆景竞赛。从共计40家参展单位的99件作品，评出一等奖10名，二等奖26名，三等奖63名。

评奖时间：2016年9月25日。

布展方案

室外展区项目背景及设计说明

2016年唐山世界园艺博览会盆景专项园位于国内园东侧，紧邻现代园与江南园，展馆可用面积约600平方米，规划展区面积约556平方米。采用新中式的布展风格，以新中式小品、盆架、背板、展板的具体形式体现。

整个展馆设置三个展区，分别为树桩盆景展区、山水盆景展区、小微盆景展区。遵循目的性原则，处理好参展企业与设计者的关系，处理好艺术和展览的关系，处理好展览设计与展览其他工作的关系；艺术性原则，以简单的几何形体及曲线营造出不同的艺术效果，遵循少就是多的极简主义，不能喧宾夺主，其艺术性为展出内容服务；功能性原则，展示设施具有一定功能，除了考虑外部形象、形式的同时，考虑其内部功能，既好看又好用，并达到辅助展出目的。

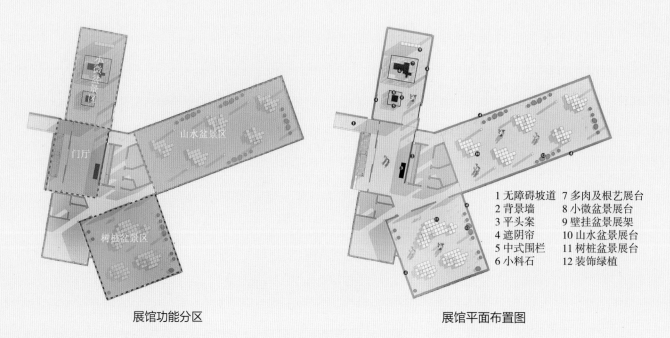

1 无障碍坡道　7 多肉及根艺展台
2 背景墙　　　8 小微盆景展台
3 平头案　　　9 壁挂盆景展架
4 遮阴帘　　　10 山水盆景展台
5 中式围栏　　11 树桩盆景展台
6 小料石　　　12 装饰绿植

展馆功能分区　　　　　　展馆平面布置图

小微盆景展区

展厅展示内容以小微盆景为主，同时用奇石、根艺及壁挂盆景点缀。

设计效果

一等奖作品

二等奖作品

展示效果

奇石获奖作品

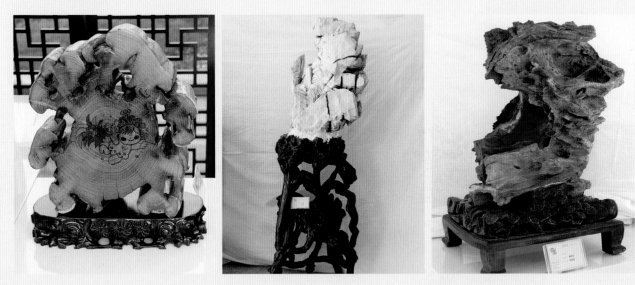

山水盆景展区

展厅展示内容以山水盆景为主，点缀奇石盆景。

设计效果

一等奖作品

二等奖作品

展示效果

树桩盆景展区

展厅展示内容以树桩盆景为主。

设计效果

一等奖作品

二等奖作品

展示效果

后 记

POSTSCRIPT

　　这是唐山第一次承办世界园艺博览会，可谓举一地之力，发挥各方优势，团结协作、群策群力、勇毅笃行、不辱使命地成功举办了一届"精彩难忘、永不落幕"的世界园艺博览会，受到了习近平总书记的高度评价，"这是一个很好的作品，可以积极促进唐山绿色发展，提高唐山市建设管理水平。"他要求善始善终办好本次博览会，向世界展示新唐山建设的成就，也藉此提高城市治理水平和运营水平。国际花卉竞赛作为2016唐山世园会重要组成部分之一，是现代园林园艺领域发展的真实写照，呈现了园林园艺行业发展的最新动态和研究成果，又是对未来美好生活环境的展望与憧憬，编委会各位成员特别荣幸能够参与其中，为此尽自己的绵薄之力。

　　"节俭、洁净、杰出"是本届世园会举办原则，国际花卉竞赛则在这个原则下应运而生。2016唐山世园会国际花卉竞赛创新了往届世园会此类项目由第三方机构整体承包的传统举办模式，采用专业花卉组织协助办展，充分利用其专业优势平台、丰富办会经验以及充足人力资源，用最少的投资达到最优的景观效果，"因地制宜、另辟蹊径、独具特色"地办成一次符合当代中国国情的国际园艺盛会。

　　受2016唐山世园会执委会委托，经过对国际花卉竞赛项目多方考察，认真论证，结合我国花卉行业实际情况，确认中国花卉协会牡丹芍药分会、月季分会、兰花分会、中国风景园林学会园林生态保护专业委员会、菊花分会以及中国插花花艺协会在资质水平、技术能力、履约信誉等方面均符合本项目要求，特邀请各协（学）会协助办好本次国际花卉竞赛，并负责各项竞赛项目中设计规划、招展布展、组织活动、养护维护等相关任务。

　　2016唐山世园会执委办园林园艺部作为国际花卉竞赛具体组织实施机构，在项目赛事筹备、建设、运营时期承担了重要的职责，赛事活动的请示、方案的审核、资金的申请与使用、奖励证书与奖杯的设计，与园区安保部门、运营部门的协调，参展人员的后勤保障等方面，都发挥了积极的主观能动性。在竞赛建设初期，由于经验寡薄，遇到很多意想不到的问题，但经过部门成员不断地摸索、调整，当开幕式竞赛——中国牡丹芍药竞赛完成时，已经总结出一套完整、高效的工作流程，使得以后的每档活动能够顺利有序的完成。

　　2016唐山世园会执委办园林园艺部以市园林局为背景成立，出色地完成了上级领导部门下达的各项任务，参与了世园会城市展园设计方案（植物配置方向）的审核、植物寓言故事为线索导览的编制、江南园每个分体建筑的匾额的设计等一系列与园艺、植物、文化相关的工作；协调市园林局各下属单位，在人力、物力等方面积极给予了各协（学）会办展过程中的帮助，成功举办展会同时，更是与专业领域花卉机构结下了浓厚的香火之情。

　　2016唐山世界园艺博览会国际花卉竞赛展出时间贯穿世园会开幕至闭幕，做到"月月有展、时时有景"，展出总面积共计40000平方米；20余国家或地区为代表的企业、高校、科研院所、公园、植物园以及个人爱好者，共计500余家参展单位参与；赛会期间共接待参展人员、协会工作人员、外宾等相关人员共计近2000人次。各档竞赛展出作品、造景形式、建设思路皆为园林园艺行业领先水平，不仅给参观者体验了花卉盛宴，也引领了唐山乃至全国园林园艺绿化事业发展新趋势。各项竞赛竞赛项目外，还设置了群众性参与度高的文艺表演、科普互动、书画摄影展示、衍生加工品展示、插花表演、专业论坛及研讨会等相关活动，展会期间共接待游客 300 余万人次。为历届世园会参与范围最广、参观人数最多、展示时间最长、展览面积最大的国际花卉竞赛项目。

国际花卉竞赛在 2016 唐山世园会执委会精心组织，各有关单位密切配合，承办工作者和建设者顽强奋战下，用热情、智慧和汗水铸就了本次世园会国际花卉竞赛的辉煌，涌现了一批勇挑重担、无私奉献、追求卓越、突出贡献的集体和个人。园林园艺部每名成员在工作中取长补短、互相帮助、不断进步，可以自豪地说："我们出色的完成了任务。我们的工作忙碌而充实，累并快乐着。世园会美丽绚烂的夜景，都是我们工作中经历的沿途风光，有暇观赏却无心品足；我们经历了世园会的春雨、夏日、秋风，有汗水与眼泪，也有相互鼓励与赞赏，2016 是不平凡的一年，不仅仅针对这个城市、这个团队，还有个人的内心。"

本书总论部分图片采自 2016 唐山世界园艺博览会官网；第六章国际插花花艺竞赛部分图片采自中国插花协会官网，对此些图片拍摄作者表示感谢。

这本集锦记录了 2016 唐山世界园艺博览会国际花卉展竞赛的整个过程，真心希望能够给以后举办的类似活动等提供一定的借鉴。感谢参与 2016 唐山世界园艺博览会国际花卉竞赛的领导、工作人员、园艺爱好者、志愿者等各界人士对此活动的大力支持！

编委会

2017 年 6 月